Annie

Le gène LPL et les facteurs de risque de maladies cardiovasculaires

Annie Chamberland

Le gène LPL et les facteurs de risque de maladies cardiovasculaires

Étude d'association génétique au sein d'une cohorte de travailleurs forestiers du Saguenay-Lac-Saint-Jean

Presses Académiques Francophones

Impressum / Mentions légales

Bibliografische Information der Deutschen Nationalbibliothek: Die Deutsche Nationalbibliothek verzeichnet diese Publikation in der Deutschen Nationalbibliografie; detaillierte bibliografische Daten sind im Internet über http://dnb.d-nb.de abrufbar.

Alle in diesem Buch genannten Marken und Produktnamen unterliegen warenzeichen-, marken- oder patentrechtlichem Schutz bzw. sind Warenzeichen oder eingetragene Warenzeichen der jeweiligen Inhaber. Die Wiedergabe von Marken, Produktnamen, Gebrauchsnamen, Handelsnamen, Warenbezeichnungen u.s.w. in diesem Werk berechtigt auch ohne besondere Kennzeichnung nicht zu der Annahme, dass solche Namen im Sinne der Warenzeichen- und Markenschutzgesetzgebung als frei zu betrachten wären und daher von jedermann benutzt werden dürften.

Information bibliographique publiée par la Deutsche Nationalbibliothek: La Deutsche Nationalbibliothek inscrit cette publication à la Deutsche Nationalbibliografie; des données bibliographiques détaillées sont disponibles sur internet à l'adresse http://dnb.d-nb.de.

Toutes marques et noms de produits mentionnés dans ce livre demeurent sous la protection des marques, des marques déposées et des brevets, et sont des marques ou des marques déposées de leurs détenteurs respectifs. L'utilisation des marques, noms de produits, noms communs, noms commerciaux, descriptions de produits, etc, même sans qu'ils soient mentionnés de façon particulière dans ce livre ne signifie en aucune façon que ces noms peuvent être utilisés sans restriction à l'égard de la législation pour la protection des marques et des marques déposées et pourraient donc être utilisés par quiconque.

Coverbild / Photo de couverture: www.ingimage.com

Verlag / Editeur:
Presses Académiques Francophones
ist ein Imprint der / est une marque déposée de
AV Akademikerverlag GmbH & Co. KG
Heinrich-Böcking-Str. 6-8, 66121 Saarbrücken, Deutschland / Allemagne
Email: info@presses-academiques.com

Herstellung: siehe letzte Seite /
Impression: voir la dernière page
ISBN: 978-3-8381-7861-5

ANNIE CHAMBERLAND

ÉTUDE D'ASSOCIATION ENTRE DES POLYMORPHISMES DE LA LIPASE LIPOPROTÉIQUE ET DES FACTEURS DE RISQUE DE MALADIES CARDIOVASCULAIRES AU SEIN D'UNE COHORTE DE TRAVAILLEURS FORESTIERS DU SAGUENAY–LAC-SAINT-JEAN

Mémoire présenté
à la Faculté des études supérieures de l'Université Laval
comme exigence partielle du programme de maîtrise en médecine
expérimentale – génétique des populations humaines
offert à l'Université du Québec à Chicoutimi
en vertu d'un protocole d'entente avec l'Université Laval
pour l'obtention du grade de maître (ès) sciences (M.Sc.)

FACULTÉ DE MÉDECINE
UNIVERSITÉ LAVAL
QUÉBEC

et

DÉPARTEMENT DES SCIENCES HUMAINES
UNIVERSITÉ DU QUÉBEC À CHICOUTIMI
SAGUENAY

2005

i

RÉSUMÉ

Différentes études ont mis en lumière des gènes de susceptibilité ou de protection au développement de traits complexes. Pour notre part, l'intérêt s'est concentré sur la lipase lipoprotéique (LPL), où l'impact que provoque une déficience dans ce gène a été clairement démontré sur le développement de maladies cardiovasculaires. Ce projet a pour but de faire l'étude d'association entre quatorze polymorphismes de la LPL et des facteurs de risque cardiovasculaires auprès de 252 travailleurs forestiers de la compagnie Abitibi-Consolidated de Saint-Félicien. Six des variants génotypés avaient une fréquence allélique ≥ 2,5 % et servaient pour les régressions logistiques. Parmi les associations, S447X a été associé avec le risque de présenter de l'obésité abdominale, de l'hyperinsulinémie et de l'hyperglycémie et ce en dépit d'une diminution du risque d'hypertriglycéridémie. Ainsi, cette étude indique l'importance d'analyses supplémentaires afin de mieux comprendre l'implication de la LPL dans les mécanismes qui sous-tendent ces différents facteurs de risque.

AVANT-PROPOS

L'accomplissement d'un tel projet de carrière ne se fait jamais seul. Ainsi, les quelques lignes qui suivent s'adressent à vous tous qui avez fait parti de mon entourage tout au long de cette belle aventure et à qui je veux exprimer toute ma reconnaissance.

Il arrive un moment dans la vie où des personnes croisent notre chemin et en changent la destinée. Anne Vigneault tu fais parti de celles-ci et pour ça je te dis merci beaucoup. Sans ta générosité et cette petite chance que tu m'as offerte, je ne ferais probablement pas ce que je fais aujourd'hui.

La réussite de cette maîtrise je la dois premièrement à ma directrice de recherche Catherine Laprise. Merci énormément pour ta disponibilité, ton support et tes précieux conseils. Ton énergie et ta passion pour ton travail ont été pour moi d'une grande inspiration. Tu as su voir en moi un potentiel que j'ignorais et me voilà en route pour le doctorat. Tu m'as fait confiance sans même me connaître et je t'en suis grandement reconnaissante. Ce fut un plaisir d'être sous ta direction car celle-ci fut stimulante et enrichissante.

Les deux dernières années n'auraient pas été aussi agréables sans votre présence chers collègues de travail. Merci d'abord à toi Nancy, complice de ce merveilleux projet que tu as généreusement partagé avec moi. Dès le début, tu as été la plus extraordinaire des « matante » pour moi. Tu m'as permis d'acquérir une base solide et je ne te remercierai jamais assez pour tout l'aide que tu m'as apporté. Travailler en ta compagnie fut un immense bonheur. Anne-Marie, j'ai l'impression que ça fait déjà dix ans qu'on se connaît tellement notre complicité a été instantanée. Merci infiniment pour toutes les fois où tu m'as apporté ta précieuse collaboration et pour tous les bons moments que nous avons passés ensemble et pour ceux à venir. Karine, nos travaux respectifs ne nous ont pas amené à travailler souvent ensemble. Cependant, c'est toujours aussi agréable d'être en ta compagnie que ce soit devant un bon souper ou un excellent dîner à la cafétéria. Josianne, je me rappellerai toujours de ton organisation sans pareil et du plaisir que ça été d'être ta collègue durant ces deux dernières années. Tarek, quoi dire de plus que « Bonjour le gars! » et « Annie, est-ce que je peux te poser une question? ». Sérieusement, je suis ravie de t'avoir connu et merci pour tous les moments où tu m'as fait rire.

Évidemment, l'aboutissement d'un tel projet ne se fait pas sans l'aide de quelques collaborateurs. Nadia Mior et Denise Morin je vous remercie pour votre support technique. Vous côtoyez dans le laboratoire a toujours été une très grande joie. Merci aussi Diane Brisson pour ton aide et ton expertise dans le domaine de la lipidologie et des statistiques.

Enfin, un merci bien spécial aux personnes qui me sont les plus chères. Tout d'abord à mes parents. Merci de tous cœur pour votre amour sans borne, votre immense support et vos nombreux encouragements. Votre soutien dans ma vie personnelle autant que professionnelle est inestimable. En terminant, je désire remercier l'être le plus merveilleux au monde, mon amour et ma raison de vivre, Martin. Merci profondément pour tout ce que tu es. Merci pour ton appui et le réconfort que tu m'apportes. Merci d'être la lumière qui éclaire et ensoleille ma journée. Bref, merci d'être là à mes côtés.

TABLE DES MATIÈRES

LISTE DES FIGURES

LISTE DES TABLEAUX

LISTE DES ABBRÉVIATIONS

3' UTR   Région non transcrite 3' (*3' Untranslated region*)

ADN   Acide désoxyribonucléique

Apo CII   Apolipoprotéine CII

Apo B   Apolipoprotéine B

ARNm   Acide ribonucléique messager

EARS   *European Atherosclerosis Research Studies*

FP   Fluorescence par polarisation

HDL   Lipoprotéine de haute densité (*High-density lipoprotein*)

C-HDL   Cholesterol-HDL

HM   Homozygote muté

HN   Homozygote normal

HSPG   Héparan sulfate protéoglycan

HZ   Hétérozygote

IDL   Lipoprotéine de densité intermédiaire (*Intermediate-density lipoprotein*)

IMC   Indice de masse corporelle

LD   Déséquilibre de liaison (*Linkage desequilibrium*)

LDL   Lipoprotéine de faible densité (*Low-density lipoprotein*)

C-LDL	Cholestérol-LDL
LPL	Lipase lipoprotéique
LRP	Protéine apparentée au récepteur de lipoprotéines de faible densité (*LDL receptor-related protein*)
NCBI	*National Center of Biotechnology Information*
OR	*Odds ratio*
PCR	Réaction de polymérisation en chaîne (*Polymerase chain reaction*)
RFLP	Polymorphisme de longueur de fragments de restriction (*Restriction Fragment Length Polymorphism*)
SLSJ	Saguenay–Lac-Saint-Jean
SNP	Polymorphisme (*Single nucleotide polymorphism*)
TG	Triglycéride
VLDL	Lipoprotéine de très faible densité (*Very-low-density lipoprotein*)

INTRODUCTION

Depuis quelques années, différentes études ont mis en lumière des gènes de susceptibilité ou de protection au développement de traits complexes de même que l'existence d'interactions gène-environnement. Le présent projet s'inscrit dans ce contexte, plus précisément dans le vaste programme de recherche « ECOGENE-21 : De l'ADN à la communauté » soutenu par les Instituts de recherche en santé du Canada (CAR43283). Ce projet centré sur la génétique communautaire vise l'application des connaissances acquises en génomique à la gestion de santé des populations. En fait, il fait suite à une étude préliminaire qui a permis d'analyser plus d'une quarantaine de polymorphismes (SNPs) documentés comme étant des gènes pro-inflammatoires ou anti-inflammatoire de l'obésité dans une cohorte de travailleurs forestiers de la compagnie Abitibi-Consolidated du Saguenay–Lac-Saint-Jean (SLSJ) (Tremblay, 2004). Dans cette cohorte, six variants de certains gènes dont un présent dans la lipase lipoprotéique (LPL) ont été associés à des covariables de l'obésité et de maladies cardiovasculaires ciblant ces gènes comme étant des candidats intéressants pour une étude moléculaire plus exhaustive toujours en lien avec des covariables de l'obésité dans la population du SLSJ.

Suite à ces résultats, notre intérêt s'est concentré particulièrement sur la LPL puisque les études sur ce gène, depuis une décennie, ont permis d'observer l'impact considérable que peut avoir la présence de mutations dans ce gène sur

1

notre métabolisme, en particulier celui des lipides. Précisément, ces mutations de la LPL peuvent engendrer une déficience de l'enzyme ou une variation de son expression et/ou de son activité donnant lieu à de multiples désordres métaboliques néfastes dont l'obésité, le diabète, le syndrome d'insulino-résistance et l'hypertriglycéridémie mais aussi se répercuter de façon positive par une élévation du taux de lipoprotéines de haute densité (HDL) et une diminution des triglycérides (Becker et al., 2004). Bref, l'implication de cette enzyme dans notre organisme est des plus importante et il devient primordial d'accroître la compréhension moléculaire de celle-ci étant donné son lien étroit dans le développement de facteurs de risque des maladies cardiovasculaires.

Les maladies cardiovasculaires sont un fardeau important dans notre société tant sur le plan économique que pour la qualité de vie de la population canadienne. Celles-ci constituent la principale cause de décès au Canada, représentant 36% de ces derniers (Fondation des maladies du coeur du Canada., 2003). Huit Canadiens sur dix présentent au moins un facteur de risque de maladies cardiovasculaires et 11% en présentent trois ou plus (Fondation des maladies du coeur du Canada., 2003). La population vieillissante et le mode de vie plus ou moins adéquat adopté par les jeunes canadiens nous démontrent l'importance de s'attaquer aux différents facteurs de risque afin d'éviter que le nombre de sujets atteints de maladies cardiovasculaires augmente davantage au cours des prochaines années.

Le présent projet a donc pour but de faire une analyse d'association approfondie de type cas-témoin en utilisant quatorze variants présents dans le gène de la LPL en lien avec des facteurs de risque des maladies cardiovasculaires. Par le fait même, elle précisera la fréquence des SNPs de la LPL ciblée au sein de la cohorte de travailleurs forestiers étudiée.

Le premier chapitre décrit la LPL au niveau génétique, structurale, fonctionnelle, physiologique et en ce qui a trait au processus de régulation. Ce chapitre expose également l'hétérogénéité clinique de la LPL. Le chapitre 2 précise la pertinence et les différents objectifs de cette étude. Pour ce qui est du chapitre 3, il décrit la cohorte à l'étude et toute la méthodologie qui a été suivie, c'est-à-dire de l'extraction d'ADN aux analyses statistiques. Les chapitres 4 et 5 présentent respectivement tous les résultats obtenus et l'analyse s'y rattachant permettant clairement d'observer la structure moléculaire du gène de la LPL en lien avec les maladies cardiovasculaires. Finalement, le dernier chapitre fait un survol des conclusions que cette étude nous permet de tirer et il est suivi des différentes perspectives que nous offre l'élaboration d'une telle recherche.

CHAPITRE I

REVUE DE LITTÉRATURE

1.1 Le gène ciblé : la lipase lipoprotéique

En 1943, Paul Hahn a fait la découverte de l'existence de la LPL (Hahn, 1943). En fait, il observa qu'une injection d'héparine chez les chiens menait à une diminution de la lipidémie postprandiale. Depuis ce temps, beaucoup de recherches ont été effectuées sur ce gène. Celles-ci ont permis de mieux comprendre la structure, la génétique, la synthèse et la régulation de cette enzyme. L'ensemble des travaux rapportés dans la littérature n'a toutefois par permis de préciser tous les mécanismes de la LPL.

1.1.1 Fonctions physiologiques

La LPL fait partie de la superfamille des lipases avec la lipase hépatique et la lipase pancréatique (Murthy et al., 1996). Elle est synthétisée dans les cellules parenchymateuses de plusieurs tissus (muscle squelettique, cœur, tissus adipeux, poumons, glandes mammaires, etc.) (Borensztajn, 1987). Suite à sa synthèse, elle est transportée à un site physiologique d'action spécifique, c'est-à-dire à la surface luminale de l'endothélium vasculaire, où elle est ancrée de façon ionique à la membrane par l'intermédiaire des héparans sulfates

4

protéoglycanes (HSPG) (Cryer, 1981; Braun et Severson, 1992; Wang et al., 1992; Enerback et Gimble, 1993; Mead et al., 1999; Mead et Ramji, 2002) à l'aide de ces différents sites fonctionnelles. Ces sites seront décrits plus amplement à la section 1.1.3.

1.1.1.1 Rôle anti-athérogénique

Les lipides complexes circulent sous la forme de lipoprotéines : 1) les chylomicrons d'origine exogène, c'est-à-dire qui proviennent de l'alimentation et, 2) les lipoprotéines de très faible densité (VLDL) d'origine endogène, c'est-à-dire synthétisées par les hépatocytes (Ginsberg, 1998). Ces lipoprotéines sont constituées d'un noyau de triglycérides et d'apolipoprotéines qui les rendent solubles dans le sang (Ginsberg, 1998). La LPL joue un rôle crucial dans le métabolisme et le transport des lipides (Figure 1). En fait, elle est l'enzyme clé dans l'hydrolyse des triglycérides circulant dans les chylomicrons et les VLDL (Goldberg, 1996). Cependant, elle nécessite la présence de son cofacteur l'apolipoprotéine CII (apo CII) compris dans ces lipoprotéines afin d'être activée et ainsi être capable de se lier à celles-ci (Miller et Smith, 1973). Suite à cette réaction d'hydrolyse, les triglycérides génèrent du glycérol et des acides gras (Cryer, 1981; Braun et Severson, 1992; Wang et al., 1992; Enerback et Gimble, 1993). L'initiation du catabolisme et de l'élimination de ces lipoprotéines riches en triglycérides requière donc la coordination de deux étapes consécutives. La première est gouvernée par l'activité catalytique de la LPL endothéliale sur les triglycérides à l'aide de ces différents sites fonctionnels dont la triade catalytique. La deuxième implique soit l'accumulation ou l'utilisation des acides gras non estérifiés selon la demande métabolique des cellules (Fielding et Frayn, 1998). Ces deux étapes sont d'autant plus importantes qu'elles assurent l'efficacité de l'élimination des triglycérides sans qu'il y ait une suralimentation en acides gras non estérifiés au-delà de la capacité d'utilisation des tissus environnants, pouvant en résulter diverses conséquences métaboliques, dont de l'obésité, de l'hypertriglycéridémie et de l'insulino-résistance (Faraj et al., 2004).

1.1.1.2 Rôle pro-athérogénique

Dans les dernières années, de nouvelles fonctions de la LPL ont été identifiées. Il a tout d'abord été démontré que cette protéine avait l'habilité de se lier simultanément aux lipoprotéines de même qu'à la surface de cellules spécifiques réceptrices (récepteur des lipoprotéines de faible densité (LDL), récepteur des VLDL) et protéoglycanes lui permettant de jouer le rôle de ligand non catalytique amenant ainsi à l'accumulation et la dégradation des lipoprotéines (Merkel et al., 1998; Mead et al., 1999; Mead et Ramji, 2002; Merkel et al., 2002).

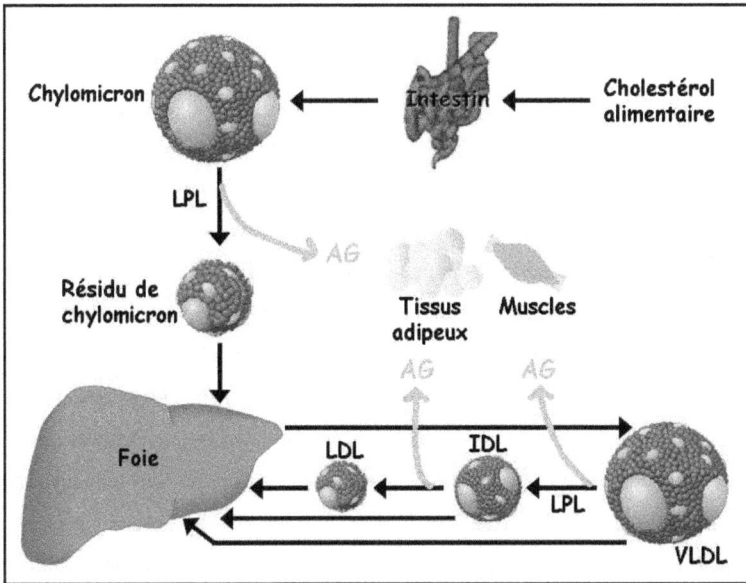

Modifiée de : (Couillard, 2003)

Figure 1 : Implication de la lipase lipoprotéique dans le métabolisme des lipides exogènes et endogènes

Les chylomicrons (apport alimentaire) et les VLDL (apport hépatique) sont composés de plus de 50% de triglycérides. Lors de leur circulation dans les capillaires sanguins, ils entrent en contact avec les molécules de lipase lipoprotéique, accrochées à l'endothélium, qui hydrolysent les triglycérides qu'ils contiennent en glycérol et en acides gras. Les chylomicrons sont alors réduits en résidus de chylomicrons et les VLDL en IDL. Les acides gras libérés sont, pour leur part, absorbés soit par les tissus adipeux (réserve d'énergie) ou par les cellules musculaires (source d'énergie).

LPL : lipase lipoprotéique; AG : acides gras; IDL : lipoprotéine de densité intermédiaire; LDL : lipoprotéine de faible densité; VLDL : lipoprotéine de très faible densité.

À l'aide d'un modèle de souris, Merkel et ses collaborateurs ont observé que la LPL inactive dans les muscles restait accrochée aux HSPG, augmentait l'hydrolyse des triglycérides et l'apport sélectif en esters de cholestérol, puis servait d'intermédiaire dans l'apport de VLDL aux organes (Merkel et al., 1998). Ils ont par la suite découvert qu'il devait y avoir la présence d'une LPL active dans le même tissu pour que la LPL inactive puisse jouer un tel rôle. En absence de cette LPL active, il y avait seulement augmentation de l'apport en esters de cholestérol aux cellules et non de toutes les lipoprotéines, ayant ainsi un impact important dans la formation de cellules spumeuses, et de surcroît, favorisant le développement d'athérosclérose (Merkel et al., 2002).

Il a également été démontré que la LPL pouvait avoir cette même fonction mais avec d'autres molécules (Mamputu et al., 1997). En fait, elle agirait comme une protéine d'adhésion aux monocytes en créant un pont entre les HSPG à la surface des monocytes et les cellules endothéliales artérielles (Mamputu et al., 1997). Ainsi, la production de LPL par les macrophages dans le vaisseau artériel pourrait être une source importante de LPL pour les cellules endothéliales qui ne synthétisent pas cette enzyme facilitant de ce fait la liaison des monocytes à l'endothélium (Mamputu et al., 1997). Récemment, il a été observé que cette même enzyme pouvait même promouvoir la prolifération des cellules vasculaires du muscle lisse (Mamputu et al., 2000). En fait, la LPL pourrait théoriquement stimuler cette prolifération grâce aux acides gras provenant de son action lipolytique sur les lipoprotéines riches en triglycérides (Mamputu et al., 2000). Cet effet de la LPL sur les cellules vasculaires du muscle lisse requiert l'activation de la protéine kinase C et la liaison de la lipase avec les HSPG exprimé à la surface de ces cellules (Mamputu et al., 2000). Ainsi, de telles fonctions d'interactions entre les lipoprotéines et la LPL ou les récepteurs cellulaires de surface résultent en une accumulation de lipoprotéines dans la matrice sub-endothéliale et leur rapide absorption par les cellules (Mead et Ramji, 2002). En conséquence, la LPL se trouve à jouer un rôle important dans l'athérogénèse.

1.1.2 Carte génétique

La séquence nucléotidique et l'organisation exon-intron du gène de la LPL chez l'humain ont été clairement établies (Deeb et Peng, 1989; Kirchgessner et al., 1989). Ce gène se retrouve en position chromosomique 8p22 et contient 10 exons séparés par 9 introns (Figure 2). L'acide ribonucléique messager (ARNm) de ce gène apparaît sous 2 isoformes (3,4 et 3,6 kilobases) dû à deux sites alternatifs de polyadénylation (Murthy et al., 1996). Il code pour un peptide signal de 27 acides aminés et une protéine mature de 448 acides aminés. Il contient également un site majeur d'initiation de la transcription (Murthy et al., 1996).

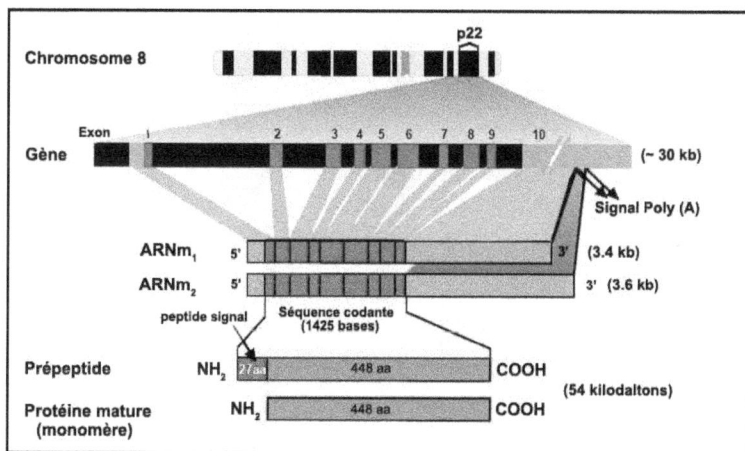

Tirée de (Murthy et al., 1996)

Figure 2 : Localisation chromosomique, organisation et expression du gène de la lipase lipoprotéique chez l'humain
Le gène de la LPL est situé sur le chromosome 8 à la position p22. Il comprend 10 exons et l'ARNm qui en résulte apparaît sous 2 isoformes de longueurs différentes. La protéine mature est formée de 448 acides aminés et est dépourvue du peptide signal de 27 acides aminés contenu dans le prépeptide.

1.1.3 Anatomie structurale et fonctionnelle

Un modèle de la structure tridimensionnel de la LPL (Figure 3) a été créé (van Tilbeurgh et al., 1994) à partir de la structure cristallographique de la lipase pancréatique (Winkler et al., 1990). La LPL est organisée en 2 domaines distincts. Le premier est le domaine amino terminal (N) comprenant les acides aminés de 1 à 312. Il est le siège d'importantes activités catalytiques de la LPL (Murthy et al., 1996). Le second est le domaine carboxy terminal (C) situé dans le dernier quart de la protéine des acides aminés 313 à 448. Il est impliqué dans des fonctions d'initiation de l'interaction avec les lipoprotéines. Dans chacun de ces domaines se trouvent d'importants sites fonctionnels.

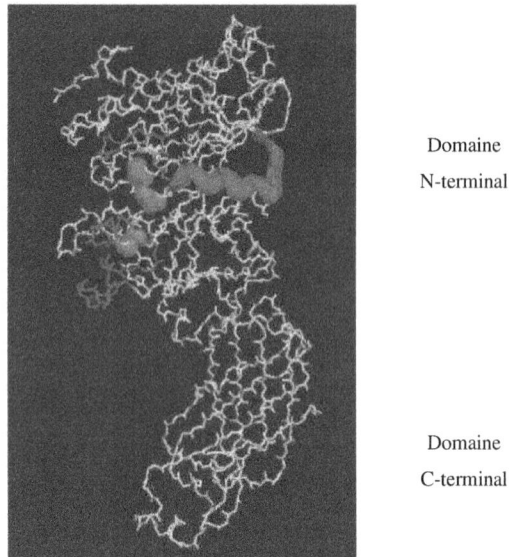

Domaine
N-terminal

Domaine
C-terminal

Tirée de : (McIlhargey et al., 2003)

Figure 3 : Modèle moléculaire de la lipase lipoprotéique chez l'humain
La triade catalytique (Ser[132], Asp[156], His[241]) est représentée en vert, tandis que les boucles de la β-5 (codons 54-64) et du *Lid* (codons 217-238) sont représentés respectivement par les fines lignes mauves et rouges.

Tout d'abord, le site actif de la LPL est composé d'une triade catalytique (Ser[132], Asp[156], His[241]) (Kirchgessner et al., 1989; Emmerich et al., 1992; Faustinella et al., 1992), d'une chaîne principale de nitrogènes (*oxyanion hole*) aux acides aminés Trp55 et Leu133 (van Tilbeurgh et al., 1994) et d'un site de liaison lipidique qui constitue un sillon très hydrophobique (Winkler et al., 1990; Hide et al., 1992; van Tilbeurgh et al., 1994). On y retrouve également une surface mobile (*Lid*) en forme de boucle qui couvre le site catalytique et qui, selon la modulation de la spécificité de la lipase envers le substrat lipidique, joue un rôle important dans l'hydrolyse des triglycérides par la LPL (Dugi et al., 1992). Enfin, une autre boucle, la β-5, occupant la région His54 à Trp64, se replierait sur la protéine à l'ouverture du *Lid* augmentant davantage l'accessibilité au site actif amenant ainsi l'*oxyanion hole* dans une position catalytique favorable (van Tilbeurgh et al., 1994).

Le domaine C-terminal de cette protéine comprend également quelques sites fonctionnels. Premièrement, on retrouve dans les 56 derniers acides aminés de la LPL un site initial d'interactions avec les lipoprotéines auquel se lie l'apo CII afin d'activer l'enzyme permettant une hydrolyse subséquente des triglycérides (Wong et al., 1991; Dichek et al., 1993; Lookene et Bengtsson-Olivecrona, 1993). Il est à noter que les acides aminés Lys[147] et Lys[148] du domaine N-terminal seraient également impliqués dans cette interaction afin de mieux ancrer l'apo CII de la particule lipidique à la protéine (Davis et al., 1992; Dichek et al., 1993). Récemment, McIlhargey et ses collaborateurs ont démontré que les acides aminés 65-68 et 73-79 pourrait également faire partie de ce site d'activation du cofacteur du domaine N-terminal (McIlhargey et al., 2003). Deuxièmement, les codons 378-423 (Nykjaer et al., 1994) et 313-448 (Williams et al., 1994) sont deux sites de liaison à la protéine apparentée au récepteur des LDL, le « *LDL receptor-related protein* » (LRP). Le LRP permet à la LPL de faire l'intermédiaire dans la liaison entre les lipoprotéines et la surface des cellules afin que les chylomicrons et les VLDL soient accumulées ou dégradées par les cellules (Nykjaer et al., 1994; Williams et al., 1994).

Répartis à différents endroits parmi les deux domaines, on observe des sites de liaison à l'héparine, de glycosylation et un site de dimérisation (Murthy et al., 1996). Les premiers sont essentiels pour la localisation de la LPL dans la paroi des vaisseaux endothéliaux et pour son interaction avec les HSPG lui permettant de rester fixer à la surface luminale de l'endothélium vasculaire (Davis et al., 1992; Dichek et al., 1993; Hata et al., 1993; van Tilbeurgh et al., 1994). Les deuxièmes sont au nombre de deux, un spécifique à chaque domaine. L'absence du site de glycosylation dans le domaine N-terminal inactive complètement la LPL et celle-ci n'est pas sécrétée (Ben-Zeev et al., 1992) tandis que celui dans le C-terminal ne semble pas affecter ni l'activation, ni la sécrétion de l'enzyme (Semenkovich et al., 1990; Ben-Zeev et al., 1994; Busca et al., 1995). Enfin, la forme active de la LPL est un homodimère non covalent (Osborne et al., 1985) dont les acides aminées impliqués dans la formation tête-à-queue de ce dimère ne sont pas encore connus (Murthy et al., 1996).

1.1.4 Régulation de l'expression

La régulation de l'expression de la LPL dans des tissus spécifiques permet d'obtenir un contrôle localisé sur l'apport en acides gras libres, en lipides et en lipoprotéines résultant en une distribution efficace des lipides et des nutriments parmi différents tissus (Preiss-Landl et al., 2002). Il a souvent été démontré que l'insuline augmentait d'une façon marquée l'activité de la LPL dans les tissus adipeux et qu'elle avait un effet opposé dans les muscles (Lithell et al., 1978; Sadur et Eckel, 1982; Yki-Jarvinen et al., 1984; Farese et al., 1991). De plus, un état de jeûne crée une diminution de son activité dans les adipocytes et une augmentation dans le muscle cardiaque tandis qu'il se produit l'inverse lors de l'alimentation (Lithell et al., 1978; Doolittle et al., 1990; Braun et Severson, 1992). En fait, de tels changements dans l'expression de la LPL sont pour la plupart déclenchés sous l'action d'hormones (insuline, acide rétinoïque, hormone de croissance, etc.) (Braun et Severson, 1992; Enerback et Gimble, 1993).

Par ailleurs, une perturbation dans l'expression de ce gène a des conséquences métaboliques majeures dans l'homéostasie énergétique et le métabolisme des lipoprotéines (Preiss-Landl et al., 2002). Dans des conditions pathophysiologiques tels que l'athérosclérose ou le diabète par exemple, d'autres régulateurs (acide gras, glucose, homocystéine, etc.) modulent également l'expression de son ARNm et par le fait même de son activité (Mead et al., 2002). À titre d'exemple, des études chez des lapins transgéniques surexprimant un transgène de LPL humain (CBA-hLPL) ont démontré que l'augmentation systémique de l'activité de la LPL améliorait la résistance à l'insuline et réduisait l'accumulation d'adipocytes suggérant ce gène comme cible thérapeutique pour le traitement du diabète et de l'obésité (Kitajima et al., 2004; Koike et al., 2004). Ce mécanisme moléculaire reste, par contre, à être défini.

Dans les macrophages, l'expression de la LPL est affectée par les lipopolysaccarides et les cytokines (Tengku-Muhammad et al., 1999). Chez des patients diabétiques ou atteints d'hypercholestérolémie familiale cette expression est augmentée (Sartippour et Renier, 2000; Beauchamp et al., 2002). De plus, les macrophages isolés de souris susceptibles à l'athérosclérose, surexpriment la LPL comparativement aux macrophages isolés de souris

13

résistantes à l'athérosclérose (Renier et al., 1993). Suite à une étude *in vivo* chez la souris, il a été démontré que, sous des conditions athérogéniques, l'activité de la LPL dans les macrophages favoriserait la formation de cellules spumeuses (Babaev et al., 2000). Par conséquent, la diminution de son expression dans la paroi vasculaire aurait un effet protecteur dominant contre un profil en lipoprotéines hautement athérogénique (van Eck et al., 2000).

1.1.5 Polymorphismes

Chez l'humain, près d'une centaine de mutations de la LPL ont été identifiées (Merkel et al., 2002). Parmi celles-ci, 61 sont des mutations faux-sens dont la plupart sont situées dans les exons 5 et 6. On retrouve également 12 mutations non-sens, 10 décalage de cadre de lecture ou petites insertions/délétions, 8 épissages et 4 variants situés dans le promoteur (Merkel et al., 2002). Les exons ayant le plus de mutations (exons 5 et 6) sont aussi ceux contenant plusieurs sites fonctionnels de la LPL (Murthy et al., 1996). Dans la population canadienne-française de la province de Québec, on retrouve principalement cinq SNPs de la LPL soient D9N, P207L, G188E, N291S et S447X (Murthy et al., 1996). Au Saguenay-Lac-Saint-Jean, le variant P207L est celui qui est le plus fréquemment rencontré (Normand et al., 1992).

Les régions non codantes du gène comportent également plusieurs SNPs. Celles situées dans les introns peuvent affecter la maturation et la rotation de l'ARNm aussi bien que sa grandeur, sa traduction ainsi que la nature et le nombre de produits de la protéine formée (Murthy et al., 1996). Tant qu'aux séquences 5' et 3' non codantes, elles contiennent plusieurs éléments de régulation (site d'initiation de la transcription, site de polyadénylation, etc.) que les SNPs peuvent influencer positivement ou négativement dans leur activité

(Murthy et al., 1996). Il est toutefois bien documenté que ces SNPs ont un effet plus subtil sur les fonctions de la LPL que les mutations des régions codantes.

1.2 Métabolisme des acides gras

Après l'analyse de toute cette information, il facile de visualiser l'importance du rôle de la LPL dans notre organisme. Cependant, afin de saisir davantage cette implication, il est de mise de comprendre le métabolisme auquel cette enzyme participe, c'est-à-dire celui des acides gras.

Comme il a été mentionné précédemment, il est question de lipolyse lorsque les triglycérides sont hydrolysés en acides gras et en glycérol. Comme le catabolisme des VLDL et la clairance des chylomicrons impliquent les mêmes séries de réactions complexes, ces lipoprotéines se retrouvent donc en continuelle compétition pour les sites de liaison de la LPL (Faraj et al., 2004). Les trois principaux tissus du corps humain impliqués dans ce métabolisme sont les tissus adipeux blancs, les cellules musculaires et celles du foie (hépatocytes). En fait, la lipolyse du tissu adipeux est le régulateur principal pour l'approvisionnement du corps en énergie lipidique parce qu'il contrôle le relâchement des acides gras dans le plasma où ces derniers y circulent sous forme d'acides gras libres liés à une molécule d'albumine (Spector, 1975). Par ailleurs, le métabolisme des triglycérides est étroitement lié à celui des carbonhydrates comme le glucose (Stryer, 1988). La régulation de la sélection du substrat (acides gras vs. glucose) ainsi que le choix de la transformation énergétique (catabolisme vs. anabolisme) sont extrêmement dépendants de l'état nutritionnel de l'organisme (Faraj et al., 2004), tel qu'une augmentation en acides gras inhibent l'utilisation du glucose (Coppack et al., 1994). De plus, en

15

état de jeûne, les deux sources importantes d'acides gras sont la mobilisation des triglycérides emmagasinés dans les tissus adipeux blancs et l'hydrolyse de ceux contenus dans les VLDL (Faraj et al., 2004).

1.2.1 Tissus adipeux et acides gras

Les tissus adipeux blancs emmagasinent plus de 95 % des triglycérides du corps (Coppack et al., 1994). La balance entre la lipolyse et la lipogenèse de ces tissus définit l'importance du relâchement des acides gras dans l'organisme. Jusqu'à présent, les mécanismes sous-jacents à l'étiologie d'un dérèglement du métabolisme lipidique et d'une insulino-résistance autant chez des sujets minces qu'obèses sont inconnus. Par contre, il est généralement accepté qu'une concentration élevée d'acides gras dans le plasma en est une cause importante se traduisant par un effet particulièrement prononcé dans l'obésité (Faraj et al., 2004).

Il a été démontré qu'une lipogenèse insuffisante dans les tissus adipeux contribuait à faire augmenter la circulation des acides gras (Frayn et al., 1996). D'ailleurs, il a été observé que des sujets obèses et insulino-résistants avaient l'incapacité, durant la période postprandiale, d'emmagasiner de façon adéquate les acides gras dans leurs tissus comparativement à des sujets sains (Frayn et al., 1996). En plus de cette inaptitude à les mettre en réserve, une régulation défectueuse de l'activité postprandiale de la LPL en réponse à l'insuline a été constatée chez des sujets obèses avec de l'insulino-résistance et également du diabète de type 2. Ces sujets montrent également une stimulation retardée de l'activité de la LPL des tissus adipeux et une augmentation de l'activité de l'enzyme dans les muscles au lieu de la diminution normalement observée (Sadur et al., 1984; Farese et al., 1991; Yost et al., 1995).

1.2.2 Acides gras et lipotoxicité

L'augmentation de l'affluence d'acides gras vers les muscles activent la β-oxydation et inhibe l'oxydation du glucose, réaction se produisant dans les minutes suivant cette recrudescence tel que décrit par Randle (Randle et al., 1963). La circulation des acides gras en provenance des tissus adipeux blancs détériore la sécrétion d'insuline par les cellules β des îlots de Langerhans du pancréas. Une brève concentration en acides gras (< 6 heures) accroît la sécrétion d'insuline autant dans les modèles *in vitro* qu'*in vivo* (Carpentier et al., 1999; Carpentier et al., 2000). Cependant, une exposition chronique (> 48 heures) aux acides gras provoque une diminution de la sécrétion d'insuline stimulée par le glucose et de la masse des cellules β, menant à une lipotoxicité pour les cellules β (Unger, 1995; Carpentier et al., 1999). Bref, chez des individus à risque de développer un diabète de type 2, une exposition prolongée des cellules β à une concentration élevée en acides gras pourrait jouer un rôle majeur dans la progression d'une défaillance des cellules β pancréatiques (Carpentier et al., 2000).

1.3 L'hétérogénéité clinique de la lipase lipoprotéique

La déficience en LPL est responsable de diverses perturbations métaboliques, tel que celui des acides gras discuté précédemment, résultant en l'apparition de nombreux facteurs de risque de maladie cardiovasculaire. L'existence des divers polymorphismes dans le gène de la LPL est associée à une importante hétérogénéité clinique (Wittrup et al., 1999). Parmi ces variants, certains conféreront une susceptibilité, d'autres auront plutôt un effet protecteur. Dans ce qui suit, il sera donc question de l'implication d'une déficience en LPL dans l'apparition de certains facteurs de risque des maladies cardiovasculaires de type métabolique : **la dyslipidémie, l'obésité, la dysglycémie, le diabète de type 2, l'insulino-résistance de même que l'hypertension artérielle.** Également, certains facteurs physiques (**âge** et **sexe**) et environnementaux (**tabagisme** et **mode de vie**) seront abordés car ces derniers, couplés à une susceptibilité génétique, augmentent les risques de développer des maladies cardiovasculaires.

1.3.1 Facteurs de risque métaboliques

Les différents éléments qui sont présentés dans les trois sous-sections suivantes font parties intégrantes du syndrome métabolique (Eckel et al., 2005). Le syndrome métabolique est associé avec une augmentation du risque de maladies cardiovasculaires (Isomaa et al., 2001; Lakka et al., 2002; Girman et al., 2004; Malik et al., 2004) mais également de diabètes (Grundy et al., 2004).

1.3.1.1 Dyslipidémie et obésité

La dyslipidémie est une modification pathologique des lipides sériques. Elle est caractérisée au point de vue clinique par des taux anormalement élevés de cholestérol total et/ou de triglycérides et/ou de cholestérol-LDL (C-LDL). Il peut également être observé la présence de LDL petites et denses ou la diminution de cholestérol-HDL (C-HDL) (Fondation des maladies du coeur du Canada., 2003). De plus, l'augmentation de la concentration en apolipoprotéine B (apo B) est également représentative d'un désordre lipidique. Cette molécule, contenue une seule fois dans chaque LDL, VLDL et lipoprotéine (a), reflète le nombre total de particules athérogéniques. Pour cette raison, la concentration en apo B serait un meilleur prédicteur du risque cardiovasculaire que le taux de C-LDL (Sniderman et al., 2003). Ainsi, il est donc possible d'évaluer le risque de maladies cardiovasculaires en connaissant les valeurs cibles établies (Tableau 1) pour chacun de ses paramètres (Genest et al., 2003).

Tableau 1 : Valeurs cibles utilisées pour évaluer le risque de maladies cardiovasculaires à partir de paramètres lipidiques

Paramètres lipidiques	Valeurs cibles	Références
Cholestérol-LDL	> 3,4 mmol/L	(Expert Panel on Detection Evaluation and Treatment of High Blood Cholesterol in Adults, 2001)
Cholestérol-HDL	< 1,04 mmol/L	(Genest et al., 2003)
Triglycérides	≥1,7 mmol/L	(Genest et al., 2003)
Apolipoprotéine B	> 0,9 g/L	(Genest et al., 2003)
Cholestérol total	> 6,2 mmol/L	(Expert Panel on Detection Evaluation and Treatment of High Blood Cholesterol in Adults, 2001)
Cholestérol total/C-HDL	> 5,0	(Genest et al., 2003)

L'obésité se caractérise par un état métabolique très complexe. Cliniquement, elle se définie en fonction de l'indice de masse corporelle (IMC) qui se calcule en divisant le poids en kilogramme par la taille en mètre carré. Au Canada, selon le guide thérapeutique canadien, une personne ayant un IMC plus grand que 27 kg/m^2 est considérée obèse et 31% de la population adulte canadienne font partie de ce groupe (Genest et al., 2003). Un IMC entre 25 et 27 kg/m^2 est considéré comme du surpoids (Paradis et Thivierge, 2004). Selon l'Organisation mondiale de la santé, il est question d'obésité viscérale chez l'homme lorsque le tour de taille est supérieur à 102 cm (WHO, 2000). Par contre, une étude canadienne a démontré que, pour le tour de taille, une limite supérieure ou égale à 90 cm chez l'homme serait plus appropriée comme mesure dans la population caucasienne (Dobbelsteyn et al., 2001). D'ailleurs, certaines

19

études utilisent présentement cette valeur « seuil » afin d'identifier et caractériser les facteurs de risque cardiovasculaires associés à l'obésité abdominale (Despres et al., 2000; Lemieux et al., 2002; St-Pierre et al., 2002; Blackburn et al., 2003). Dans un autre ordre d'idées, le développement d'obésité chez l'humain permet d'observer différents profils métaboliques. En effet, malgré la présence de plusieurs perturbations métaboliques, seulement de 15-20% des sujets obèses deviendront subséquemment diabétiques (Boden, 2002). De plus, il existe certains individus considérés obèses qui demeureront métaboliquement normaux (Brochu et al., 2001; Freedland, 2004).

Enfin, l'apparition de dyslipidémie et/ou d'obésité peut survenir suite à une déficience en LPL. D'ailleurs, il a été observé que la présence de mutations de la LPL (D9N, N291S et G188E) chez des individus hétérozygotes pour l'un ou l'autre de ces variants était associée à une augmentation plasmatique des concentrations de triglycérides, une diminution des concentrations de C-HDL et une augmentation relative des risques de maladies ischémiques du cœur (Wittrup et al., 1999). Ce désordre lipidique se retrouve également chez les porteurs du variant P207L (Hokanson, 1997; Julien et al., 1998). De plus, l'étude EARS (*European Atherosclerosis Research Studies*) a démontré que ces polymorphismes interagissaient avec l'obésité, c'est-à-dire que l'augmentation des triglycérides induite par un excès de poids était accentuée particulièrement chez les porteurs de la mutation N291S (Gerdes et al., 1997). Ainsi, l'obésité peut exacerber la dyslipidémie associée à une déficience en LPL.

1.3.1.2 Dysglycémie, diabète de type 2 et insulino-résistance

La dysglycémie indique une perturbation du métabolisme glycémique. Elle se caractérise par la présence d'une résistance à l'insuline sur la prise, le métabolisme et la mise en réserve du glucose (Kahn et Flier, 2000). Elle peut également s'observer sous la forme d'hyperinsulinémie et/ou d'hyperglycémie (Bonora et al., 1998). C'est un facteur de risque pouvant apparaître seul ou suite à l'apparition d'autres facteurs tels que l'obésité. Il existe également des normes glycémiques (Tableau 2) afin de pouvoir évaluer le risque de maladies cardiovasculaires.

Tableau 2 : Seuils de risque pour les taux d'insuline et de glucose à jeun

Paramètres glycémiques	Seuils à risque	Références
Insuline à jeun	> 109 pmol/L	(McLaughlin et al., 2003)
Glucose à jeun	> 6,1 mmol/L	(McLaughlin et al., 2003)

Le diabète de type 2 ou diabète non-insulinodépendant est une affection qui apparaît très souvent chez des individus ayant de l'obésité abdominale et développant de la résistance à l'insuline. Ce type de diabète peut se prévenir en maintenant un poids santé et une saine alimentation (Fondation des maladies du coeur du Canada., 2003). En 2000, 5,0 % des hommes canadiens étaient atteints de ce diabète (Fondation des maladies du coeur du Canada., 2003).

Une déficience en LPL n'affecte pas directement de tels désordres glycémiques. En fait, tel que mentionné précédemment, des mutations dans ce gène amène une diminution de l'activité de l'enzyme conduisant à l'obtention d'un taux élevé de triglycérides puis à une résistance à l'insuline. L'insulino-résistance dans le diabète de type 2 mais également dans l'obésité se manifeste par la diminution de l'effet de l'insuline sur le transport et le métabolisme du glucose dans les adipocytes et les muscles squelettiques (Reaven, 1995).

21

L'augmentation des acides gras libres et de cette insulino-résistance favorise donc la gluconéogenèse et l'hyperglycémie et par conséquent, conduit à un diabète de type 2 (Yang et al., 2003).

1.3.1.3 Hypertension artérielle

L'hypertension artérielle est définie comme étant une tension systolique ≥ 140 mmHg ou une tension diastolique ≥ 90 mmHg. Elle augmente de deux à trois fois le risque cardiovasculaire (Fondation des maladies du coeur du Canada., 2003). Au Québec et au Canada, 14 % de la population générale de 20 ans et plus ont déclaré faire de l'hypertension artérielle (Fondation des maladies du coeur du Canada., 2003). De nombreuses recherches groupées dans l'étude de Framingham ont démontré que l'élévation de la pression sanguine était le facteur le plus commun et le plus puissant contribuant à la majorité des maladies cardiovasculaires. Il est également démontré que moins de 20 % des cas d'hypertension sont développés en l'absence des autres facteurs de risque importants (Kannel, 2000). La LPL ne joue pas un rôle concret dans le développement d'hypertension. Par contre, l'insulino-résistance et l'hypersinsulinémie compensatoire induite par la présence d'obésité abdominale sont liés à l'hypertension d'une façon importante (Zavaroni et al., 1989).

1.3.2 Facteurs de risque physiques et environnementaux

1.3.2.1 Âge et sexe

Plus on vieillit, plus le taux de toutes les formes de cardiopathies augmentent (Fondation des maladies du coeur du Canada., 2003). On considère l'âge comme étant un facteur de risque des maladies cardiovasculaires mais, contrairement à tous les autres, ce dernier comme le sexe sont des facteurs de risque non modifiables. Chez les hommes, c'est à partir de l'âge de quarante ans qu'ils sont considérés à risque et donc devraient être suivis de plus près par leur médecin (Genest et al., 2003). Chez les femmes ce risque est retardé de 10 à 15 ans par rapport aux hommes (Expert Panel on Detection Evaluation and Treatment of High Blood Cholesterol in Adults, 2001).

1.3.2.2 Tabagisme

Le tabagisme est la principale cause de décès évitable au Canada en plus d'être un important facteur de risque des maladies cardiovasculaires (Fondation des maladies du coeur du Canada., 2003). Vingt huit pourcent (28 %) de la population québécoise fume (Paradis et Thivierge, 2004). En résumé, le tabagisme réduit la présence d'oxygène dans le sang, le remplaçant par du monoxyde de carbone et d'autres gaz. Ces gaz créent avec la nicotine une accumulation de gras qui réduit la lumière des vaisseaux et des artères limitant l'apport en sang au coeur. Ainsi, il y a dégradation du muscle cardiaque en raison du manque d'oxygène, ceci pouvant mener à la crise cardiaque (Santé environnementale et sécurité des consommateurs., 2002).

1.3.2.3 Mode de vie

La sédentarité et l'alimentation sont deux facteurs de risque jouant un rôle très important dans l'apparition de tous les autres facteurs. L'activité physique à elle seule permet de réduire le poids, la tension artérielle, le diabète et d'améliorer les taux de cholestérol et de lipides sanguins (Fondation des maladies du coeur du Canada., 2003). Par le fait même, elle diminue le risque cardiovasculaire global et atténue les symptômes chez les patients qui en sont déjà atteints (Thompson et al., 2003). Au Québec, on retrouve le troisième taux de sédentarité (58,5 %) le plus élevé au Canada (Fondation des maladies du coeur du Canada., 2003). De plus, il est reconnu qu'une consommation adéquate de fruits et légumes permet de réduire les risques de maladies cardiovasculaires (Fondation des maladies du coeur du Canada., 2003). Une bonne activité physique et une saine alimentation ne peuvent donc qu'être bénéfiques pour la santé.

CHAPITRE II

PERTINENCE ET OBJECTIF DE L'ÉTUDE

2.1 <u>Pertinence de cette recherche</u>

L'étude de traits complexes est toujours un défi de taille étant donnée qu'ils ne sont pas conforment à une transmission mendélienne classique. En fait, un seul génotype peut résulter en différents phénotypes dont l'expression peut être modulée par l'interaction du gène avec l'environnement ou avec d'autres gènes. C'est pourquoi, dans de telles études, les généticiens ont ciblé de jeunes populations (10-20 générations), celles-ci étant reconnues pour avoir une faible diversité génétique et un environnement commun (Peltonen et al., 2000). Dans la présente étude, la cohorte ciblée est originaire de la région du SLSJ.

La structure génétique de la région du SLSJ est particulière. Elle s'explique par des phénomènes d'ordre historique et démographique (Bouchard et De Braeckeleer, 1992). Le premier est caractérisé par de multiples effets fondateurs dont trois ont été documentés. Ceux-ci ont eu comme conséquence de former une population plus homogène génétiquement que la population-mère (Bouchard et De Braeckeleer, 1992). En effet, le peuplement du SLSJ s'est produit, entre autres, suite à trois vagues migratoires successives : 1) l'arrivée en

Nouvelle-France des émigrants en provenance des régions de la France de l'Ouest au début du XVIIe siècle; 2) l'établissement des émigrants de Québec, Côte-de-Beaupré et Côte-du-Sud sur les rives de Charlevoix à partir de la fin de ce même siècle; 3) le déplacement et l'implantation de familles et d'individus dans la région du SLSJ de 1835 à 1840 suite à un surpeuplement de la région de Charlevoix (Bouchard et De Braeckeleer, 1990). Le deuxième phénomène provient d'une augmentation de l'homogénéité de la population puisqu'une forte proportion des fondateurs de la région sont originaires de Charlevoix (Bouchard et De Braeckeleer, 1992). Enfin, le troisième est un effet multiplicateur s'expliquant par le fait que l'établissement des premiers immigrants a été facilité par de bonnes conditions économiques et sociales favorisant ainsi une reproduction plus élevée que les autres, avec comme conséquence, la diffusion de leurs gènes en plus grand nombre (Bouchard, 1990).

S'ajoute à cela le fait que la cohorte de cette étude est constituée de travailleurs forestiers tous originaires de la région du SLSJ. Ainsi, en plus d'avoir les particularités génétiques propres à cette région, ces travailleurs forestiers font tous parties d'un environnement circonscrit. En effet, travaillant dans des camps forestiers isolés, leur travail, leur nutrition et leur mode de vie sont très similaires. Cette cohorte offre donc l'avantage de réduire l'influence de l'environnement sur son interaction avec les gènes permettant ainsi de mieux faire ressortir l'impact génétique dans le développement de traits complexes (Tremblay, 2004), comme il est question dans cette étude.

2.2 Objectif de l'étude

L'objectif ultime de ce projet vise donc l'étude d'association génotype-phénotype entre les facteurs de risque de maladies cardiovasculaires et le gène de la LPL utilisant une cohorte de type cas-temoin. Une sélection de SNPs de la LPL répertoriés dans la littérature a été faite afin de les génotyper puis de faire différentes analyses statistiques permettant de déceler l'existence d'une association entre un de ces SNPs et une variable du trait complexe.

Plus précisément, cette étude vise à définir la structure du gène de la LPL au sein de cette cohorte de travailleurs des camps forestiers de la Abitibi-Consolidated de Saint-Félicien afin de déterminer son influence sur le développement de différents facteurs de risque des maladies cardiovasculaires. Pour y parvenir, les objectifs spécifiques sont : 1) d'évaluer la fréquence allélique et génotypique des différents SNPs choisis pour cette étude et 2) d'effectuer une analyse d'association cas-témoin qui permettra de vérifier la relation qui se trouve entre les polymorphismes ayant une fréquence allélique $\geq$ 2,5 % et la présence des divers facteurs de risque des maladies cardiovasculaires.

CHAPITRE III

MÉTHODOLOGIE

3.1 <u>Cohorte à l'étude</u>

La cohorte de cette étude est constituée de 252 travailleurs forestiers de la compagnie Abitibi-Consolidated de Saint-Félicien ayant pris part à l'étude de 1998-2000. Ces derniers sont répartis dans cinq camps forestiers : Vimont (32), Libéral (95), Nestaocano (36), Buade (41) et Myrica (48) (Couillard, 2000). L'ère de la coupe traditionnelle étant maintenant révolue, ces travailleurs sont désormais considérés comme des opérateurs de machinerie. Par contre, même avec tous les changements technologiques des dernières décennies et en raison de la nature même de la ressource, les lieux de travail n'ont pas changé. Ainsi les camps forestiers sont toujours situés dans des zones forestières isolées (environ 200 km de Saint-Félicien au nord du Lac-Saint-Jean). Ces derniers ont grandement évolué et sont devenus davantage confortables. Les travailleurs ont tout ce qu'il faut pour bien manger, se reposer, se divertir et pratiquer des activités physiques. Ils y sont présents 5 jours sur 7 pour la période allant de mai à mars de l'année suivante.

Les travailleurs sont âgés entre 21 et 65 ans (âge moyen = 42,0 ± 8,9 ans). Ils sont à l'emploi de la compagnie en moyenne depuis environ 10 ans et sont tous résidants et originaires de la région du SLSJ (validé par le fichier de population BALSAC). Leur taux de scolarisation est plus faible que la population générale de la région et un grand nombre d'entres eux sont des fumeurs (28 %) (Couillard, 2000). Par ailleurs, plus de la moitié d'entre eux se disent sédentaires (61,4 %) par rapport à seulement 38,6 % qui pratiquent une activité physique. Au moment de la prise des données, l'IMC moyen et le tour de taille moyen de ces travailleurs étaient respectivement de 28,0 ± 4,3 kg/m^2 et de 97,6 ± 11,2 cm. Ainsi, ils démontraient dans l'ensemble un surplus de poids (> 25 kg/m^2) et un tour de taille se rapprochant du seuil à risque (90 cm ou 102 cm selon l'étude (WHO, 2000; Dobbelsteyn et al., 2001)), deux facteurs augmentant le risque de développer divers désordres métaboliques (Genest et al., 2003). Le tableau 3 expose les caractéristiques phénotypiques des travailleurs dont la collecte de ces données a été effectuée lors des travaux de maîtrise de Germain Couillard (Couillard, 2000).

Tableau 3 : Caractéristiques phénotypiques de la cohorte des travailleurs forestiers

Phénotypes	Minimum	Maximum	Moyenne ± écart-type
Âge (ans)	21	65	42,0 ± 8,9
Poids (kg)	50	125	84,7 ± 14,2
Taille (m)	1,54	1,93	1,74 ± 0,1
Indice de masse corporelle (kg/m^2)	15,6	42,2	28,0 ± 4,3
Tour de taille (cm)	64	131	97,6 ± 11,2
Tension artérielle systolique (mmHg)	95	170	124,15 ± 12,2
Tension artérielle diastolique (mmHg)	60	110	84,9 ± 9,7
Apolipoprotéine B (g/L)	0,52	1,63	0,94 ± 0,19
Triglycérides (mmol/L)	0,56	7,33	1,7 ± 0,96
Cholestérol-LDL (mmol/L)	0,54	5,69	3,17 ± 0,79
Cholestérol-HDL (mmol/L)	0,52	1,8	1,05 ± 0,23
Cholestérol total (mmol/L)	3,09	7,94	5,00 ± 0,87
Cholestérol total/C-HDL	2,4	12,4	5,00 ± 1,45
Glucose à jeun (mmol/L)	4,1	19,6	5,42 ± 1,11
Insuline à jeun (pmol/L)	1	278	65,1 ± 29,5

Le profil lipidique et glycémique se situant à la limite du seuil de risque pour certains paramètres (quoique dans les normes), de même que leurs habitudes de vie permettent de considérer cette cohorte comme étant à risque pour les maladies cardiovasculaires. Soixante-dix-sept pourcent (77 %) des travailleurs présentent 1 ou plusieurs facteurs de risque de maladies cardiovasculaires, tandis que 46 % d'entre eux 2 ou plus. La figure 4 démontre la prévalence des différents facteurs de risque observés.

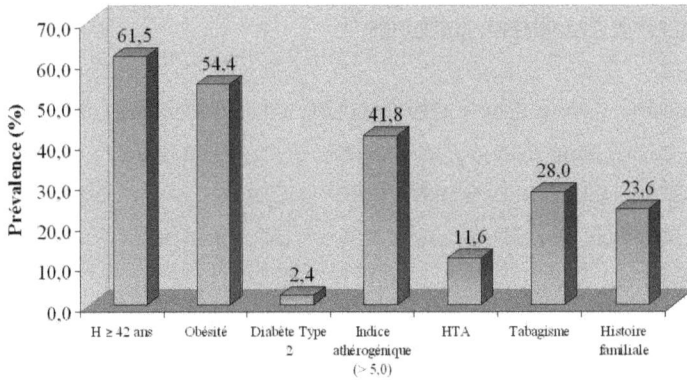

Facteurs de risque

Modifiée de : (Tremblay, 2004)

Figure 4 : Prévalence des facteurs de risque de maladies cardiovasculaires chez les travailleurs forestiers
H ≥ 42 = Hommes âgés de 42 et plus; HTA = Hypertension artérielle; Histoire familiale = Parenté immédiate ayant déjà présenté une maladie cardiovasculaire.

3.2 Extraction de l'ADN

La trousse QUIAGEN® Genomic-tip 100/G (#13343), incluant les colonnes et les réactifs, a été utilisé afin d'extraire l'ADN d'un échantillon sanguin de chaque sujet selon le protocole d'extraction d'ADN génomique.

3.3 Sélection des polymorphismes

Quatorze variants dans le gène de la LPL ont été sélectionnés dans 9 des 10 exons de même que dans le promoteur et les introns 8 et 9 (Figure 5). Le trois quarts des polymorphismes (de D9N à rs331) sont répartis en moyenne à toutes les 260 paires de base. Le tableau 4 présente les caractéristiques de chaque polymorphisme.

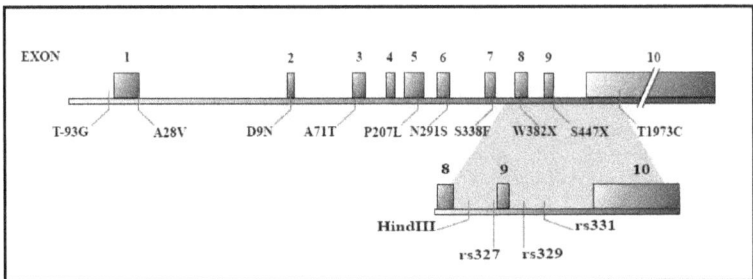

Figure 5 : Polymorphismes ciblés de la lipase lipoprotéique

Tableau 4 : Description des polymorphismes ciblés et de la technique utilisée pour leur génotypage

Variants	Type	Position	Base ou codon changé	Acide aminé changé	# Référence	Références	Technique utilisée
T-93G	1 pb SB	Promoteur	T→G	—	rs1800590	(Yang et al., 1995)	FP
A28V	NS	Exon 1	GCC→GTC	Ala→Val	rs11570895	(NBCI, 1993)	FP
D9N	NS	Exon 2	GAC→AAC	Asp→Asn	rs1801177	(Elbein et al., 1994; Mailly et al., 1995)	RFLP
A71T	NS	Exon 3	GCC→ACC	Ala→Thr	—	(Chan et al., 2002)	FP
P207L	NS	Exon 5	CCG→CTG	Pro→Leu	—	(Ma et al., 1991)	RFLP
N291S	NS	Exon 6	AAT→AGT	Asn→Ser	rs268	(Reymer et al., 1995)	RFLP
S338F	NS	Exon 7	TCT→TTT	Ser→Phe	—	(Chan et al., 2002)	FP
W382X	Ter	Exon 8	TCG→TGA	Trp→*Ter*	—	(Gotoda et al., 1991)	FP
HindIII	1 pb SB	Intron 8	T→G	—	rs320	(Heinzmann et al., 1987)	FP
rs327	1 pb SB	Intron 8	T→G	—	rs327	(NBCI, 1993)	FP
S447X	Ter	Exon 9	TCA→TGA	Ser→*Ter*	rs328	(Hata et al., 1990)	FP
rs329	1 pb SB	Intron 9	A→G	—	rs329	(NBCI, 1993)	FP
rs331	1 pb SB	Intron 9	G→A	—	rs331	(NBCI, 1993)	FP
T1973C	1 pb SB	Exon 10	T→C	—	rs3289	(NBCI, 1993)	FP

pb = Paire de bases; SB = Substitution; NS = Non-sens; Ala = Alanine; Asn = Asparagine; Asp = Acide aspartique; Leu = Leucine; Phe = Phenylalanine; Pro = Proline; Ser = Serine; *Ter* = Codon de terminaison; Thr = Threonine; Trp = Tryptophan; Val = Valine. RFLP = Polymorphisme de longueur de fragments de restriction; FP = Fluorescence par polarisation.

33

3.4 Génotypage

3.4.1 Méthode de réaction de polymérisation en chaîne (PCR)

Développé en 1986 par Kary Mullis (Mullis et al., 1986), la technique de réaction de polymérisation en chaîne (PCR) permet une amplification sélective d'une région spécifique sur une molécule d'ADN dont les extrémités sont connus. La figure 6 représente les trois étapes essentielles impliquées dans la technique PCR nécessitant deux amorces oligonucléotidiques spécifiques aux deux extrémités 3' du brin à amplifier et des variations de température à chaque étape. La première étape permet la dénaturation du double brin d'ADN obtenant ainsi deux simples brins. En deuxième lieu, il y a l'hybridation des amorces sur leur brin respectif. Puis finalement, grâce à une enzyme, la *Taq* polymérase, le brin complémentaire de chacun d'eux est synthétisé. Ces trois étapes sont alors répétés 25 à 30 fois permettant de produire plus d'un million de copies d'une séquence spécifique d'ADN.

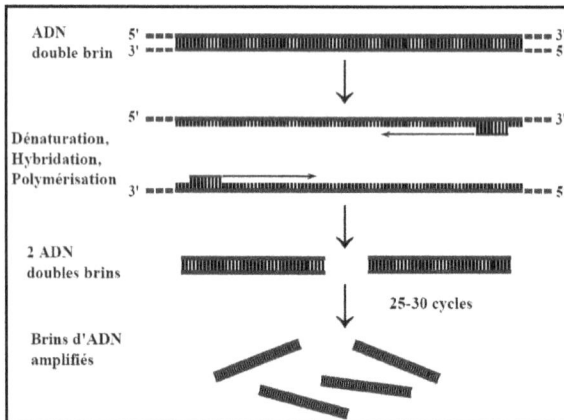

Figure 6 : Réaction de polymérisation en chaîne

34

3.4.1.1 Polymorphisme de longueur de fragments de restriction (RFLP)

La technique RFLP (Wyman et White, 1980) permet de distinguer la présence ou l'absence d'une mutation sur l'ADN grâce à l'utilisation d'enzymes de restriction. Ces dernières sont des endonucléases qui coupent l'ADN à une séquence nucléotidique spécifique selon la séquence de reconnaissance de l'enzyme utilisée. Des fragments de longueurs différentes seront alors produits suite à ce clivage. Ils seront alors séparés sur un gel d'électrophorèse permettant ainsi de connaître le génotype de l'individu pour le variant à l'étude. Le tableau 4 présente les polymorphismes ayant été génotypés à l'aide de cette technique.

3.4.1.2 Fluorescence par polarisation (FP)

La fluorescence par polarisation d'une molécule est proportionnelle à son temps de rotation et de relaxation (le temps que cela prend pour la faire tourner d'un angle de 68,5°). Elle est donc directement proportionnelle au volume et par le fait même au poids de la molécule. Ainsi, plus la molécule fluorescente sera grosse plus elle tournera lentement dans l'espace et la fluorescence par polarisation sera préservée (Kwok, 2002). La figure 7 démontre les différentes étapes de cette technique. De cette façon, le génotype d'un variant ciblé peut être déterminé simplement en excitant le didésoxyribonucléotide muni d'un fluorochrome dans la réaction et évaluer si un changement dans la florescence par polarisation est observé (Chen et al., 1999). Les différents variants génotypés par cette technique sont indiqués dans le tableau 4.

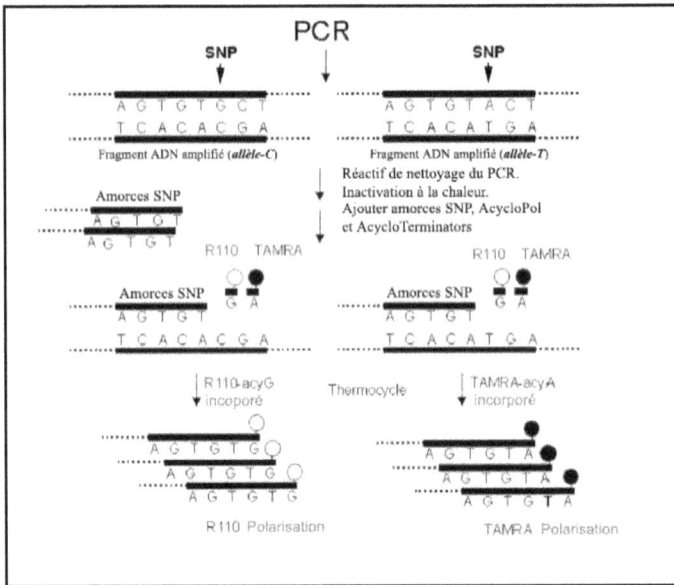

Figure 7 : Technique de fluorescence par polarisation

3.5 Analyses des données

3.5.1 Fréquence allélique et génotypique

Pour chacun des SNPs à l'étude, les fréquences alléliques (p et q) et génotypiques (% homozygote normal (HN), % hétérozygote (HZ) et % homozygote muté (HM)) seront calculées à partir du nombre de chacun des génotypes obtenus. La fréquence d'un allèle se calcule par la formule (Hartl et Clarke, 1997):

$$\frac{(2*n \text{ génotype homozygote}) + (n \text{ génotype hétérozygote})}{2*n \text{ d'individus (i.e nb d'allèle)}}$$

3.5.2 Équilibre Hardy-Weinberg

Afin de savoir si la cohorte est bel et bien en équilibre d'Hardy-Weinberg, il faut vérifier l'équilibre entre les fréquences génotypiques observées (o) et celles attendues (t) dans une population panmictique. Ces dernières sont égales à p^2, $2pq$ et q^2 respectivement pour les génotypes homozygotes normaux, hétérozygotes et homozygotes mutés, obtenus à partir des fréquences alléliques de la cohorte (Hartl et Clarke, 1997). Il faut par la suite confirmer ou infirmer l'existence de cet équilibre à l'aide d'un test d'hypothèse utilisant la distribution d'une variable de χ^2. Cette variable est définie comme étant la somme de ces écarts de fréquence ($\Sigma(o_i-t_i)^2/t_i$) et suit une loi de χ^2 si l'hypothèse d'équilibre (H_0) est vérifiée (Serre, 1997). Cette hypothèse sera acceptée si la probabilité obtenue est supérieure à 0,05 (Hartl et Clarke, 1997).

3.5.3 Régression logistique binaire

Ce test statistique permettra de mesurer l'augmentation ou la diminution du risque de développer une maladie cardiovasculaire chez les individus présentant un SNP particulier. Les *Odds ratio* (OR) seront calculés pour les variants de la LPL les plus fréquemment (fréquence allélique $\geq$ 2,5%) observés dans cette cohorte, avec comme covariables, les différents facteurs de risque impliqués dans le développement de maladies cardiovasculaires (IMC, tour de taille, concentrations de triglycérides, de C-LDL, de C-HDL, d'apo B, de cholestérol total, d'insuline à jeun et de glucose à jeun).

Les valeurs seuils de l'IMC, du tour de taille, des concentrations de triglycérides, de C-LDL, de C-HDL, d'apo B et de cholestérol total, ainsi que du taux de glucose à jeun seront établies selon les valeurs cibles thérapeutiques de prévention primaire (Dobbelsteyn et al., 2001; Expert Panel on Detection

Evaluation and Treatment of High Blood Cholesterol in Adults, 2001; Genest et al., 2003). Cependant, la variable âge aura comme valeur seuil l'âge moyen (42 ans) de l'échantillon. De plus, étant donné que les valeurs standards d'insulinémie varient énormément d'une étude à l'autre et que peu s'entendent sur une valeur seuil précise pour le taux d'insuline à jeun, celle-ci sera établi à 109 pmol\L dans cette étude, tel qu'utilisé par McLaughlin et ses collaborateurs (McLaughlin et al., 2003).

Il est à noter que dans quelques modèles statistiques utilisés, certaines variables indépendantes sont ajoutées au modèle étant donné le lien métabolique les unissant à la variable dépendante et ce, afin d'éviter la création d'une surévaluation du risque réel de la variable à l'étude. Ainsi, lorsque le taux de triglycérides ou le tour de taille est à l'étude, le taux d'insuline à jeun est ajouté et si c'est les paramètres glycémiques qui sont évaluées, c'est le taux de triglycérides qui est alors ajouté au modèle.

Enfin, les données concernant l'utilisation de traitements pharmacologiques hypolipidémiants ou hypoglycémiants des sujets n'étant pas disponibles, aucune correction ne sera effectuée pour la prise de médicaments. Toutes ces statistiques se feront à l'aide du logiciel SPSS 11.5 pour Windows.

CHAPITRE IV

RÉSULTATS

4.1 Analyse génotypique

Les fréquences génotypiques et alléliques ont été calculées pour les 14 SNPs de la LPL ciblés dans cette étude. Parmi ceux-ci, 6 d'entre eux (**D9N**, **HindIII**, **rs327**, **S447X**, **rs331** et **T1973C**) ont une fréquence allélique suffisante (≥ **2,5 %**) pour la poursuite des analyses. Le tableau 5 présente les fréquences de ces six SNPs. On y retrouve également, pour chacun d'eux, les valeurs de χ^2 et la probabilité y étant associée permettant d'accepter ou de rejeter l'hypothèse voulant que ces variants soient en équilibre d'Hardy-Weinberg. Pour ce qui est des huit autres variants, leurs résultats sont inclus à l'annexe A illustrant les données complètes des 14 SNPs génotypés.

À première vue, on observe que seulement 4 SNPs (**HindIII, rs327, S447X et rs331**) présente les trois classes génotypiques (**homozygote normal, hétérozygote et homozygote muté**) dans l'échantillon étudié. De plus, les variants peuvent se diviser en trois groupes selon leurs fréquences alléliques soit faibles (< 1,0 %), moyennes (entre 2,5 % et 10,0 %) ou élevées (> 20,0 %). Ces groupes contiennent respectivement T-93G, A28V, A71T, P207L, N291S,

S338F, W382X et rs329 pour le premier, D9N, S447X et T1973C pour le second et HindIII, rs327 et rs331 pour le dernier (Annexe A). Enfin, pour tous ces SNPs, les probabilités obtenues selon la valeur du χ^2 sont supérieures à 5,0 %. Ainsi, l'hypothèse nulle est acceptée indiquant qu'ils sont tous en équilibre d'Hardy-Weinberg.

Tableau 5 : Fréquences génotypiques, fréquences alléliques et résultats de l'équilibre Hardy-Weinberg pour six des polymorphismes étudiés

Polymorphismes	Fréquences génotypiques		Fréquences alléliques	Équilibre Hardy-Weinberg	
				χ^2	Probabilité
D9N	HN	239	p = 0,9742	0,179	0,75
	HZ	13	q = 0,0258		
	HM	0			
HINDIII	HN	144	p = 0,7738	2,231	0,15
	HZ	92	q = 0,2262		
	HM	16			
rs327	HN	141	p = 0,7659	2,301	0,15
	HZ	92	q = 0,2341		
	HM	19			
S447X	HN	199	p = 0,9008	1,041	0,32
	HZ	51	q = 0,0992		
	HM	2			
rs331	HN	141	p = 0,7659	2,301	0,15
	HZ	92	q = 0,2341		
	HM	19			
T1973C	HN	233	p = 0,9623	0,386	0,58
	HZ	19	q = 0,0377		
	HM	0			

4.2 Analyse du risque relatif

Plusieurs analyses multivariées ont été effectuées sur divers paramètres anthropométriques (IMC et tour de taille), lipidiques (triglycérides, cholestérol total,

C-LDL, C-HDL et apo B) et glycémiques (insuline et glucose à jeun). Une première partie des analyses consistait à examiner la relation pouvant exister entre l'IMC ou le tour de taille et la présence de chacun des 6 SNPs à l'étude. Par la suite, les sujets ont été divisés en 4 sous-groupes (< ou ≥ 42 ans avec présence de l'un ou l'autre des allèles du SNP) et la même régression logistique fut effectuée. La deuxième partie comportait la création de deux modèles incluant respectivement l'IMC ou le tour de taille pour toutes les autres variables à l'étude. L'association a alors été évaluée entre celles-ci et le SNP, mais également en employant les mêmes sous-groupes que précédemment. De plus, selon le modèle, d'autres sous-groupes ont été produits divisant les sujets selon la présence de l'un ou l'autre des allèles du variant avec l'IMC (< ou ≥ 27 kg/m^2) ou le tour de taille (< ou ≥ 90 cm) selon le cas. Ces différentes classes ont également servis à évaluer cette relation avec le SNP à l'étude. Dans ce qui suit, seulement les analyses les plus pertinentes, c'est-à-dire significatives, seront présentées. Par contre, l'annexe B comprend tous les résultats obtenus concernant les différentes analyses effectuées pour les 6 SNPs étudiés.

4.2.1 Variant D9N

La figure 8 montre l'association observée entre le risque de présenter un taux de triglycérides supérieur ou égal à 1,7 mmol/L selon l'IMC et la présence de l'un ou l'autre des allèles du variant D9N. En fait, cette figure démontre que ce risque augmente chez les individus ayant un IMC supérieur ou égal à 27 kg/m^2 (OR : 2,63, p = 0,002) et qu'il est 4 fois plus élevé en présence de l'allèle 9N chez ce même groupe.

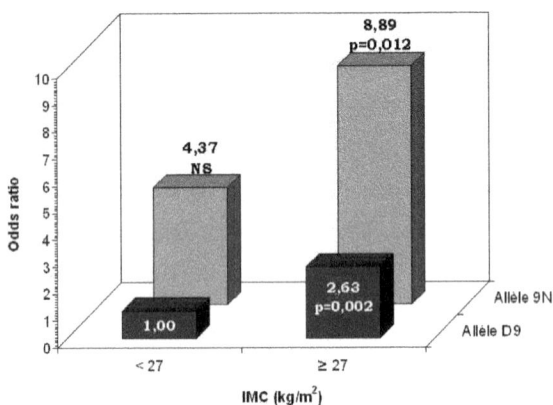

Figure 8 : Analyse multivariée de l'effet du variant D9N de la LPL sur le risque de présenter un taux de triglycérides ≥ 1,7 mmol/L, selon l'indice de masse corporelle
Les valeurs sont obtenues en tenant compte de l'influence de l'âge du sujet, de l'indice de masse corporelle, du taux d'insuline à jeun et des 2 allèles du variant D9N du gène LPL. *Odds ratio* et IC 95 %. NS = non significatif.

De plus, des résultats similaires, également significatifs sont obtenus lorsque l'on considère le tour de taille (< ou ≥ 90 cm) dans le modèle au lieu de l'IMC (Annexe B, tableau 1).

4.2.2 Variants HindIII, rs327 et rs331

La figure 9 illustre le risque, selon le tour de taille et la présence de l'un ou l'autre des allèles de HindIII, de présenter un taux de triglycérides ≥ 1,7 mmol/L. Elle démontre que ce dernier est significativement élevé lorsque que les individus présentent l'allèle T et ont un tour de taille supérieur ou égal à 90 cm (OR : 4,83, p = 0,001). Par contre, la présence de l'allèle G du variant HindIII diminue ce risque chez ce même groupe (OR : 3,36, p = 0,017) et la tendance semble s'exercer également chez ceux ayant un tour de taille plus petit que 90 cm.

42

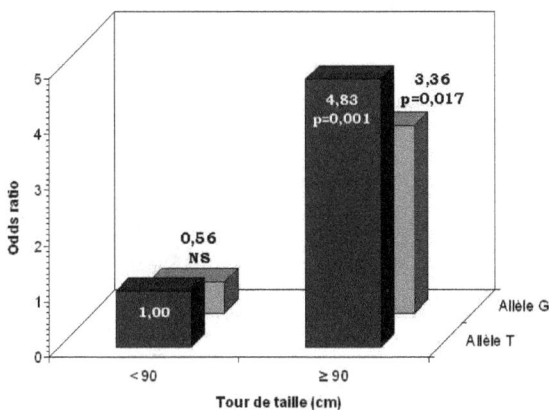

Figure 9 : Analyse multivariée de l'effet du variant HindIII de la LPL sur le risque de présenter un taux de triglycérides ≥ 1,7 mmol/L, selon le tour de taille
Les valeurs sont obtenues en tenant compte de l'influence de l'âge du sujet, du tour de taille, du taux d'insuline à jeun et des 2 allèles du variant HindIII du gène LPL.
Odds ratio et IC 95 %. NS = non significatif.

La figure 10 présente l'association observée entre le risque de présenter une glycémie à jeun ≥ 6,1 mmol/L selon le groupe d'âge (< ou ≥ 42 ans) et la présence de l'un ou l'autre des allèles de HindIII. On observe que la présence de l'allèle G du variant accroît considérablement et significativement ce risque (OR : 10,02, p = 0,020) chez les sujets âgés de 42 ans et plus. Le tableau 2 de l'annexe B démontre que ce risque est similaire pour le modèle comprenant le tour de taille au lieu de l'IMC (OR : 10,17, p = 0,021). D'ailleurs, chez les individus ≥ 42 ans porteurs de l'allèle G, le risque de présenter un IMC supérieur ou égal à 27 kg/m^2 (OR : 2,87, p = 0,007) ou un tour de taille ≥ 90 cm (OR : 4,22, p = 0,003) est légèrement augmenté (Annexe B, tableau 2).

43

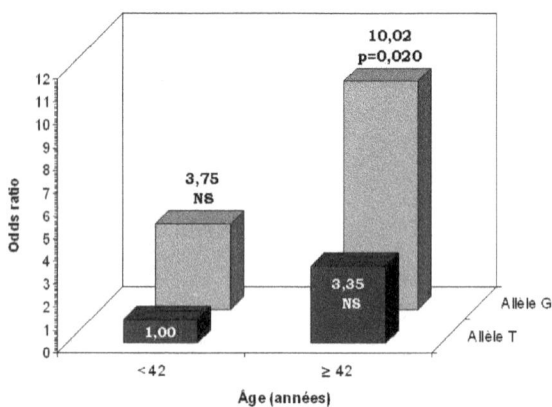

Figure 10 : Analyse multivariée de l'effet du variant HindIII de la LPL sur le risque de présenter une glycémie à jeun ≥ 6,1 mmol/L, selon l'âge
Les valeurs sont obtenues en tenant compte de l'influence de l'âge du sujet, de l'indice de masse corporelle, du taux de triglycérides et des 2 allèles du variant HindIII du gène LPL. *Odds ratio* et IC 95 %. NS = non significatif.

De même, la figure 11 permet de constater également l'accroissement du risque de présenter un taux de glucose ≥ 6,1 mmol/L (OR : 7,42, p = 0,029) chez les individus porteurs de l'allèle G de HindIII mais cette fois-ci, avec un IMC supérieur ou égal à 27 kg/m².

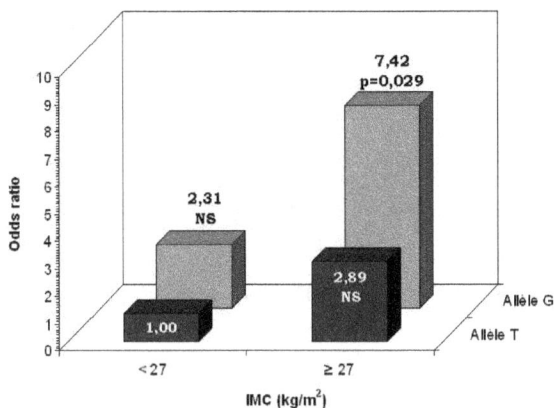

Figure 11 : Analyse multivariée de l'effet du variant HindIII de la LPL sur le risque de présenter un taux de glucose ≥ 6,1 mmol/L, selon l'indice de masse corporelle
Les valeurs sont obtenues en tenant compte de l'influence de l'âge du sujet, de l'indice de masse corporelle, du taux de triglycérides et des 2 allèles du variant HindIII du gène LPL. *Odds ratio* et IC 95 %. NS = non significatif.

Finalement, les tableaux 2, 3 et 4 de l'annexe B démontre que les variants HindIII, rs327 et rs331 ont des résultats très similaires. En effet, entre chaque SNP les *odds ratio* significatifs diffèrent à quelques dixièmes près. Étant donnée la similitude des résultats, seuls les résultats pertinents du variant HindIII ont été présentés ci-haut. Toutefois, la seule différence est que le risque de présenter une insulinémie à jeun ≥ 109 pmol/L augmente près de 12 fois (p < 0,05) (Annexe B, tableau 3 et 4) chez des individus porteurs de l'allèle mineur de rs327 et rs331 avec un IMC ≥ 27 kg/m^2 contre seulement 5 fois (p < 0,05) chez les porteurs de l'allèle G (absence du site de restriction) de HindIII (Annexe B, tableau 2).

4.2.3 Variant S447X

La figure 12 présente l'association observée entre le risque de présenter un taux de triglycérides supérieur ou égal à 1,7 mmol/L selon le groupe d'âge (< ou ≥ 42 ans) et la présence de l'un ou l'autre des allèles de S447X. Cette figure démontre que ce risque est diminué de façon importante et significative (OR : 0,29, p = 0,028) chez les individus de 42 ans et plus présentant l'allèle 447X. Malgré une valeur p non significative, on remarque que, peu importe le groupe d'âge, la présence de 447X semble avoir un impact sur le taux de triglycérides de ces individus par rapport à ceux qui sont porteurs de l'allèle S447. De plus, il est intéressant de noter que les résultats concernant ce groupe (≥ 42 ans, avec 447X) sont similaires autant pour le modèle incluant l'IMC que celui avec le tour de taille (Annexe B, tableau 5).

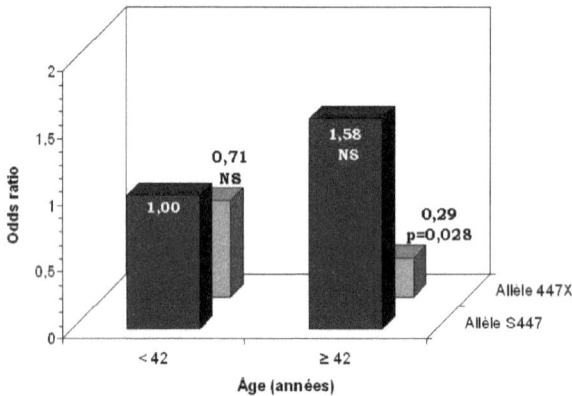

Figure 12 : Analyse multivariée de l'effet du variant S447X de la LPL sur le risque de présenter un taux de triglycérides ≥ 1,7 mmol/L, selon l'âge
Les valeurs sont obtenues en tenant compte de l'influence de l'âge du sujet, de l'indice de masse corporelle, du taux d'insuline à jeun et des 2 allèles du variant S447X du gène LPL. *Odds ratio* et IC 95 %. NS = non significatif.

On remarque également que la présence de l'allèle 447X augmente près de 3 fois plus le risque de présenter un taux de cholestérol total ≥ 5,0 mmol/L et un taux de C-LDL ≥ 3,4 mmol/L dans le groupe des 42 ans et plus (Annexe B, tableau 5). Par ailleurs, l'accroissement de ce risque est observé de façon significative ($p < 0,05$) autant dans les modèles incluant l'IMC que ceux comprenant le tour de taille.

Un taux anormalement élevé d'insuline ou de glucose est la plupart du temps précurseur d'un certain désordre du point de vue métabolique. Ainsi, la figure 13 présente les résultats de l'effet du variant S447X sur le risque de présenter un taux d'insuline ≥ 109 pmol/L chez des sujets regroupés selon leur IMC (< ou ≥ 27 kg/m^2) et la présence de l'un ou l'autre des allèles du variant. On remarque alors que l'allèle 447X augmente un peu plus de 10 fois (OR : 10,72, $p = 0,006$) un tel risque chez les individus ayant un IMC supérieur ou égal à 27 kg/m^2 en plus de l'accroître également chez les sujets avec un tour de taille ≥ 90 cm porteurs de ce même allèle (Annexe B, tableau 5).

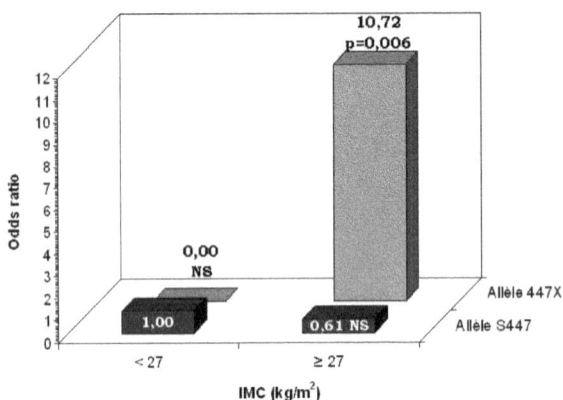

Figure 13 : Analyse multivariée de l'effet du variant S447X de la LPL sur le risque de présenter un taux d'insuline ≥ 109 pmol/L, selon l'indice de masse corporelle
Les valeurs sont obtenues en tenant compte de l'influence de l'âge du sujet, de l'indice de masse corporelle, du taux de triglycérides et des 2 allèles du variant S447X du gène LPL. *Odds ratio* et IC 95 %. NS = non significatif.

Pour sa part, le taux de glucose à jeun est lui aussi affecté par la présence de l'allèle 447X (Figure 14). En effet, le risque de présenter un taux supérieur ou égal à 6,1 mmol/L est presque 12 fois plus élevé (OR : 11,71, p = 0,018) chez ce même groupe d'individus (≥ 27 kg/m^2 avec 447X). D'ailleurs, la figure 15 démontre que cette présence de l'allèle 447X fait augmenter davantage ce risque chez les sujets ayant un IMC ≥ 27 kg/m^2 (OR : 15,94, p = 0,007). Il est à noter que le modèle comprenant le tour de taille vérifiant cette même association permet également d'observer un accroissement de ce risque (OR : 12,39, p = 0,016) chez les hommes âgés de 42 ans et plus porteurs de l'allèle 447X (Annexe B, tableau 5).

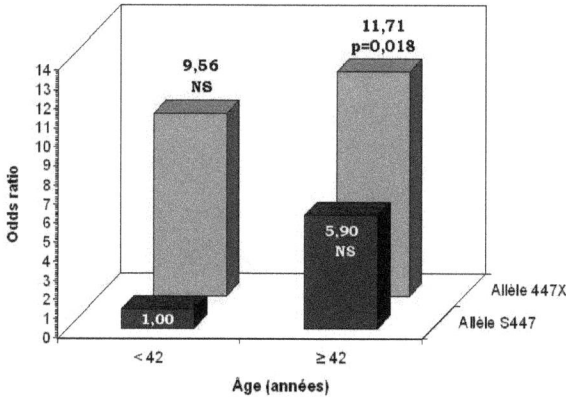

Figure 14 : Analyse multivariée de l'effet du variant S447X de la LPL sur le risque de présenter un taux de glucose ≥ 6,1 mmol/L, selon l'âge
Les valeurs sont obtenues en tenant compte de l'influence de l'âge du sujet, de l'indice de masse corporelle, du taux de triglycérides et des 2 allèles du variant S447X du gène LPL. *Odds ratio* et IC 95 %. NS = non significatif.

Enfin, la présence de l'allèle 447X augmenterait aussi les risques de développer de l'obésité abdominale (Figure 16). En effet, la seule présence de celui-ci chez des individus âgés de 42 ans et plus augmente plus de cinq fois le risque de présenter un tour de taille supérieur ou égal à 90 cm (OR : 5,32 p = 0,013). Également dans ce cas-ci, on dénote que l'âge amplifie, en partic, à lui seul ce risque (OR : 2,15, p = 0,024). Par ailleurs, chez ces individus (≥ 42 ans) les porteurs de l'allèle 447X voient leur risque de présenter un IMC ≥ 27 kg/m² accru (OR : 3,64, p = 0,009) (Annexe B, tableau 5).

49

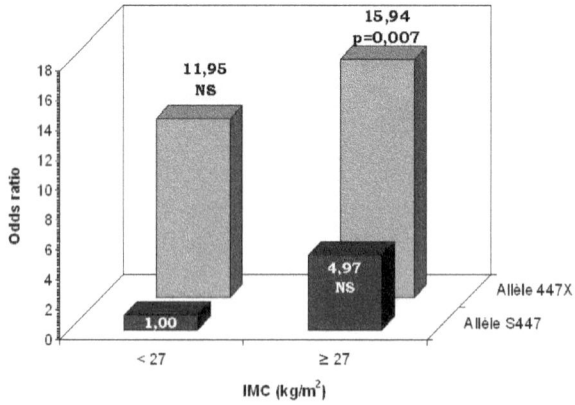

Figure 15 : Analyse multivariée de l'effet du variant S447X de la LPL sur le risque de présenter un taux de glucose ≥ 6,1 mmol/L, selon l'indice de masse corporelle
Les valeurs sont obtenues en tenant compte de l'influence de l'âge du sujet, de l'indice de masse corporelle, du taux de triglycérides et des 2 allèles du variant S447X du gène LPL. *Odds ratio* et IC 95 %. NS = non significatif.

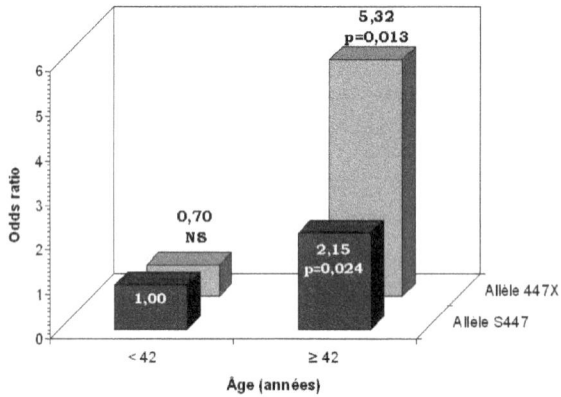

Figure 16 : Analyse multivariée de l'effet du variant S447X de la LPL sur le risque de présenter un tour de taille ≥ 90 cm, selon l'âge
Les valeurs sont obtenues en tenant compte de l'influence de l'âge du sujet, du taux d'insuline à jeun et des 2 allèles du variant S447X du gène LPL.
Odds ratio et IC 95 %. NS = non significatif.

50

4.2.4 Variant T1973C

La figure 17 présente l'association observée entre le risque de présenter un taux de triglycérides ≥ 1,7 mmol/L selon l'IMC (< ou ≥ 27 kg/m^2) et la présence de l'un ou l'autre des allèles de T1973C. On observe que la présence de l'allèle 1973C du variant accroît considérablement et significativement ce risque (OR : 8,70, p = 0,003) chez les sujets ayant un IMC ≥ 27 kg/m^2. Ce graphique démontre également qu'un IMC ≥ 27 kg/m^2 semble légèrement accroître à lui seul ce risque (OR : 2,56, p = 0,003).

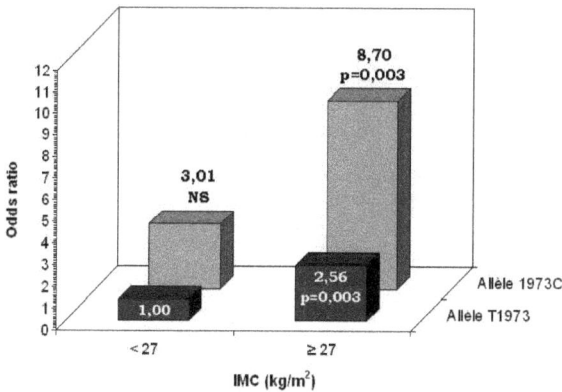

Figure 17 : Analyse multivariée de l'effet du variant T1973C de la LPL sur le risque de présenter un taux de triglycérides ≥ 1,7 mmol/L, selon l'indice de masse corporelle Les valeurs sont obtenues en tenant compte de l'influence de l'âge du sujet, de l'indice de masse corporelle, du taux d'insuline à jeun et des 2 allèles du variant T1973C du gène LPL. *Odds ratio* et IC 95 %. NS = non significatif.

CHAPITRE V

DISCUSSION

L'objectif principal de cette étude était de préciser la structure du gène de la LPL au sein d'une cohorte de travailleurs des camps forestiers de la Abitibi-Consolidated de Saint-Félicien afin de déterminer son influence sur le développement des maladies cardiovasculaires. Ainsi, l'analyse génotypique et les différentes analyses d'associations ont permis d'atteindre ce but ultime.

5.1 Analyse génotypique

La majorité des variants génotypés dans cette cohorte de travailleurs forestiers ont des fréquences similaires à celles retrouvées dans la littérature pour des cohortes issues de la population générale caucasienne (NBCI, 1993; Mailly et al., 1995; Vohl et al., 1995; Murthy et al., 1996; Wittrup et al., 1999; Ukkola et al., 2001). Le variant S338F est une nouvelle mutation qui a été identifiée au sein d'un échantillon de chinois hypertriglycéridémiques (Chan et al., 2002) pour lequel aucune fréquence allélique n'est à ce jour documentée. Le variant rs331 (NBCI, 1993; Chan et al., 2002), sélectionné en raison de sa proximité avec le variant S447X qui a été associé lors d'analyses préliminaires, ne possède pas de fréquence allélique répertoriée actuellement.

52

D'autre part, les résultats ont démontré que les polymorphismes sont en équilibre d'Hardy-Weinberg dans la cohorte, c'est-à-dire que les fréquences génotypiques observées pour chacun des variants sont similaires à celles attendues dans une population panmictique (Hartl et Clarke, 1997).

5.2 Analyse du risque relatif

5.2.2 Variant D9N

Diverses études publiées à la même époque (1994-1995) ont identifié la mutation non-sens D9N. Positionnée dans le deuxième exon, elle produit la substitution d'un acide aspartique (D) pour une asparagine (N) au neuvième codon de la LPL (Elbein et al., 1994; Nevin et al., 1994; Mailly et al., 1995). D9N a une fréquence d'hétérozygote dans la population caucasienne de 2 à 4% (Wittrup et al., 1999). Elle a fréquemment été associée à l'hypertriglycéridémie, à un niveau bas de C-HDL, à la présence de LDL petites et denses, à de l'hyperlipidémie familiale combinée (FCHL) et à une augmentation des risques de maladies cardiovasculaires (Hokanson et al., 1999; Wittekoek et al., 1999; Wittrup et al., 1999; van Bockxmeer et al., 2001).

Dans l'étude de Mailly et ses collaborateurs qui furent les premiers à identifier une association gène-obésité chez les porteurs de l'allèle 9N, il a été observé que la concentration en triglycérides était 117% plus élevée chez les individus avec un IMC dans les 2 derniers tertiles ($\geq$ 25 kg/m^2) mais que l'interaction IMC-génotype n'était pas statistiquement significative (Mailly et al., 1995). D'ailleurs, les mêmes résultats ont été observés dans l'étude EARS (Gerdes et al., 1997). Ainsi, dans la cohorte de travailleurs forestiers, les résultats concordent avec ceux exposés dans la littérature car on observe également un taux de triglycérides significativement plus élevé en présence de l'allèle 9N (p = 0,012 chez les individus ayant un IMC $\geq$ 27 kg/m^2).

La présence du SNP D9N mène à une déficience de la sécrétion de la LPL (Fisher et al., 1997). Ce qui démontre que des taux réduits de LPL sont suffisants afin de maintenir une faible triglycéridémie à jeun. Cependant, lorsque ces individus porteurs de l'allèle 9N deviennent obèses, l'augmentation de la sécrétion de VLDL par le foie surcharge le système lipolytique partiellement altéré amenant au développement d'une hypertriglycéridémie (Fisher et al., 1997).

Par ailleurs, il a également été démontré que D9N était en fort déséquilibre de liaison (LD) avec le variant T-93G (Hall et al., 1997) dont la fréquence chez les porteurs caucasiens est de 1,6% (Yang et al., 1995). Ces variants ont été associés à l'augmentation du taux de triglycérides plasmatiques et un risque accru de maladies cardiovasculaires (Kastelein et al., 1998; Talmud et al., 1998; Wittrup et al., 1999). Ces résultats n'ont pu être vérifiés auprès de la cohorte incluse dans cette étude puisque le variant T-93G était monomorphique.

5.2.3 Variants HindIII, rs327 et rs331

Le remplacement d'une thymine (T) par une guanine (G) dans l'intron 8 de la LPL supprime l'existence du site de restriction HindIII (Heinzmann et al., 1987). Plusieurs études ont démontré des associations entre la présence de l'allèle rare de HindIII (G) et des concentrations en triglycérides abaissées (Heinzmann et al., 1987; Chamberlain et al., 1989; Peacock et al., 1992; Ahn et al., 1993). Dans la cohorte des travailleurs forestiers, le risque de présenter une hypertriglycéridémie est également diminué chez les individus porteurs de l'allèle G et ce même pour les individus avec un tour de taille de 90 cm et plus. Par contre, lors de la présence du site de restriction ce risque augmente de façon significative (p = 0,001). Ces résultats confirment ceux de Vohl et collaborateurs ainsi que ceux de Ko et collaborateurs ayant démontré cette même association entre l'hypertriglycéridémie et l'obésité (Vohl et al., 1995; Ko et al., 1997).

Peu d'études ont obtenus des résultats significatifs concernant des associations entre des paramètres glycémiques (insuline et glucose à jeun) et l'une ou l'autre des allèles de HindIII. Toutefois, Ahn et ses collaborateurs ont reporté que des individus homozygotes pour l'allèle T de ce variant avait une insulinémie à jeun plus élevée (Ahn et al., 1993). Contrairement à ces résultats, il a été observé, parmi la cohorte de travailleurs forestiers, que les porteurs de l'allèle G présentaient une glycémie à jeun plus élevée en fonction de leur âge (≥ 42 ans) ou de leur IMC (≥ 27 kg/m^2). D'ailleurs, Ukkola et ses collaborateurs ont démontré que ceux présentant l'allèle mineur avait, pour le test de tolérance au glucose, une aire sous la courbe de l'insuline davantage accrue que ceux porteurs de l'allèle T. Nos résultats permettent donc de corroborer ces observations. Le mécanisme qui sous-tend ce phénotype est encore inconnu. Mais, une hypothèse qui tient compte du fait que le polymorphisme HindIII n'affecte pas directement la séquence en acide aminée de la LPL, voudrait que ce dernier soit alors lier à un variant fonctionnel de la LPL prédisposant à une dysglycémie. À la lumière de nos résultats ceux-ci nous suggèrent le variant S447X, positionné dans l'exon 9, comme SNP cible. Il serait donc intéressant de noter s'il est en LD avec HindIII tel que démontré par diverses études (Heizmann et al., 1991; Peacock et al., 1992; Ahn et al., 1993).

Pour ce qui est des variants rs327 et rs331, aucune association n'a été répertoriée dans la littérature jusqu'à présent. En raison de leur position physique à proximité de HindIII (intron 8 et 9), il est logique de poser l'hypothèse que ces variants sont probablement eux aussi en LD avec HindIII. La comparaison des résultats des analyses d'association entre ces variants et les traits étudiés permettent de soutenir cette hypothèse.

Enfin, nous pourrions même supposer que les 4 variants (HindIII, rs327, rs331 et S447X) font partie d'un même bloc haplotypique. Ce bloc est en fait une discrète région chromosomique avec un déséquilibre de liaison élevé et une faible diversité haplotypique (Cardon et Abecasis, 2003). Dans les régions avec un LD élevé, la dépendance allélique produit une redondance parmi les marqueurs ce qui augmente les chances de détecter une association quand seulement une fraction des marqueurs est sélectionnée (Cardon et Abecasis, 2003). Afin de confirmer cette hypothèse, une étude haplotypique devrait être effectuée. Ainsi, l'identification d'un haplotype associé avec une augmentation ou diminution du risque de présenter un trait complexe devrait faciliter l'identification du variant fonctionnel qui affecte ce risque parce que ce dernier devrait se trouver dans des régions du chromosome identifiées par cet haplotype (Templeton, 1996).

5.2.4 Variant S447X

Le variant S447X est situé dans une région codante (exon 9) du gène de la LPL et la présence de son allèle mineur produit une protéine tronquée où il manque 2 acides aminés (sérine-glycine) dans son domaine C-terminal (Hata et al., 1990). Bien que cela demeure une controverse, plusieurs études ont rapporté que l'allèle 447X était associé à un accroissement de l'activité de la LPL, à un profil lipidique favorable avec de faibles taux de triglycérides, une élévation des concentrations de C-HDL et une réduction du risque de maladies cardiovasculaires (Chamberlain et al., 1989; Heizmann et al., 1991; Ahn et al., 1993; Jemaa et al., 1995; Groenemeijer et al., 1997; Humphries et al., 1998; Gagné et al., 1999; Wittrup et al., 1999). Ainsi, les résultats que nous avons obtenus dans notre cohorte confirment en partie ceux répertoriés dans la littérature. En effet, on observe que la présence de l'allèle 447X, particulièrement chez les individus de 42 ans et plus, avait un effet protecteur contre l'hypertriglycéridémie.

Quelques études seulement ont inclut d'autres variables comme les C-LDL dans leurs analyses. Certaines ont démontré que les taux de C-LDL étaient similaires entre les porteurs et les non-porteurs de 447X (McGladdery et al., 2001; Ukkola et al., 2001; Corella et al., 2002) tandis que d'autres ont montré une élévation de cette concentration chez les porteurs de l'allèle 447X (Gagné et al., 1999). Pour notre part, les résultats obtenus chez les travailleurs forestiers d'âge supérieur ou égal à 42 ans porteurs de l'allèle 447X sont associés à une élévation de la concentration de C-LDL comme décrit par Gagné et ses collaborateurs (Gagné et al., 1999). Toutefois, chez ce même groupe d'individus, nous observons également l'augmentation du risque de présenter un taux de cholestérol total élevé. Les premiers résultats obtenus pour les triglycérides semblent promouvoir l'effet protecteur du variant S447X. **Cependant, les derniers résultats concernant les C-LDL et le cholestérol total suggèrent que ce variant serait, dans certaines conditions, associé à un risque cardiovasculaire accru.**

Afin de mieux définir l'implication du variant S447X dans ce trait complexe, il est important de se pencher sur les résultats obtenus avec les autres variables qui étaient à l'étude, soit les paramètres anthropométriques et glycémiques. Très peu d'études ont utilisé ces variables afin d'examiner leur association avec la présence du polymorphisme S447X. D'ailleurs, jusqu'à présent, aucune étude n'a clairement illustré l'existence d'une association significative entre la présence de l'allèle 447X et le tour de taille, le taux d'insuline ou le taux de glucose à risque pour les maladies cardiovasculaires, tel que celles observées parmi les travailleurs forestiers. Toutefois, une étude publiée en 2004 a démontré que les porteurs d'un haplotype comprenant les allèles G de HindIII et 447X du gène de la LPL étaient davantage résistants à l'insuline que ceux porteurs de l'haplotype le plus commun incluant seulement les allèles majeurs (Goodarzi et al., 2004). Dans notre cohorte, cela nous permet de poser l'hypothèse que 447X aurait peut-être un rôle de susceptibilité dans le développement d'un état dysglycémique.

Les mécanismes qui sous-tendent l'apparition des covariables de l'obésité liées à la présence du polymorphisme S447X sont encore méconnus. Cependant, nous avons émis une hypothèse qui pourrait peut-être expliquer nos résultats. Premièrement, des études *in vitro* et *in vivo* suggèrent que la protéine LPL tronquée aurait une expression et une activité plus élevée que la LPL entière (Zhang et al., 1996; Groenemeijer et al., 1997). Ainsi, elle est plus efficace dans sa fonction d'où une hydrolyse accrue des triglycérides contenus dans les chylomicrons et les VLDL. Par la suite, si l'apport alimentaire en matières grasses n'est pas diminué, ils continueront à être hydrolysés par la LPL, mais il se produira alors une accumulation en acides gras trop importante. Ce déséquilibre crée alors une compétition entre eux et le glucose comme substrat pour l'oxydation (Randle et al., 1963). De plus, des taux élevés d'acides gras plasmatiques altèrent la capacité de l'insuline à stimuler la prise de glucose par les muscles (Roden et al., 1996; Hawkins et al., 1997). Il en résulte donc une diminution du taux d'oxydation (Randle et al., 1963) menant, par le fait même, à une hyperglycémie et/ou à une hyperinsulinémie compensatoire (Faraj et al.,

2004). La figure 18 représente de façon schématisée les effets néfastes que peut

créer la perturbation de l'homéostasie dans l'apport des acides gras aux tissus

adipeux blancs, aux muscles, au foie et au pancréas. Les résultats obtenus avec

les travailleurs forestiers vont dans le sens de cette hypothèse car on observe la

présence d'hyperinsulinémie et d'hyperglycémie chez les individus porteurs de

l'allèle 447X âgés de 42 ans et plus ou présentant un IMC $\geq$ 27 kg/m^2.

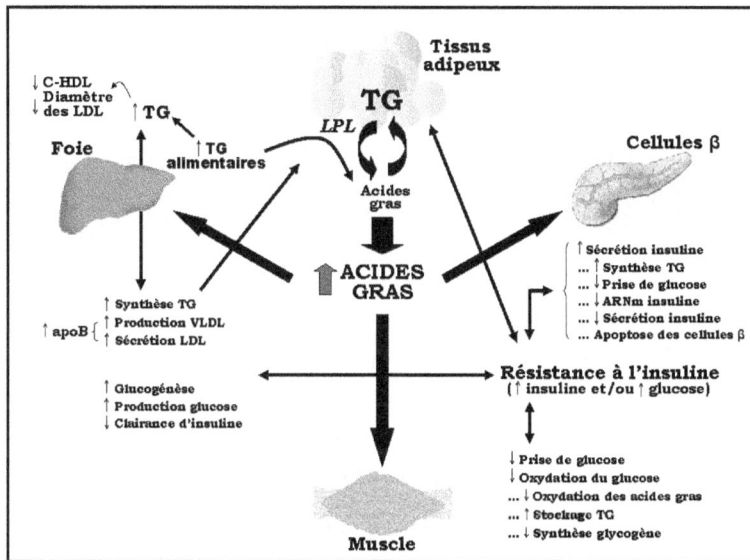

Modifiée de : (Faraj et al., 2004)

Figure 18 : Effets néfastes d'une déficience dans le stockage en acides gras dans les tissus adipeux blancs et d'une augmentation de l'apport en acides gras vers les muscles, le foie et le pancréas
Les « … » représentent l'effet à long terme d'une exposition à un flux élevé en acides gras.
LPL : lipase lipoprotéique; TG : triglycérides; HDL : lipoprotéine de haute densité; C-HDL : cholestérol-HDL; LDL : lipoprotéine de faible densité; VLDL : lipoprotéine de très faible densité; apoB : apolipoprotéine B; ARNm : acide ribonucléique messager.

À long terme, le développement d'une résistance à l'insuline est favorisé

par une élévation permanente d'acides gras qui est également un facteur

59

dominant dans l'obésité (Felber et Golay, 2002). Jusqu'à présent il est clairement établi qu'il existe un lien entre l'obésité et l'insulino-résistance et que les acides gras y jouent un rôle important dont les mécanismes impliqués ne sont pas encore totalement clarifiés. **Pour notre part, en plus d'observer une hyperinsulinémie et une hyperglycémie parmi nos sujets, on remarque que la présence de l'allèle 447X augmente également le risque de développer de l'obésité abdominale.** Le lien entre ces trois facteurs de risque de maladies cardiovasculaires qui semble se dégager de nos résultats est en accord avec ce qui est généralement rapporté dans la littérature, exception faite qu'il semble que nous soyons les premiers à observer une association significative entre la présence de l'allèle 447X de la LPL et l'apparition d'hyperinsulinémie, d'hyperglycémie et d'obésité abdominale.

Évidemment, suite à l'obtention de tels résultats, d'autres analyses seraient pertinentes afin d'appuyer l'hypothèse avancée relative à l'implication du métabolisme des acides gras dans l'apparition de ces facteurs de risque de maladies cardiovasculaires. Premièrement, une discrimination plus précise entre les sujets minces et ceux ayant de l'obésité abdominale aurait apporté une précision aux résultats obtenus. L'analyse de bioimpédance aurait alors permis de déterminer le pourcentage de masse grasse (masse adipeuse) par rapport à celui de masse maigre (muscles). De plus, des données concernant la concentration en acides gras pour chacun des sujets auraient été nécessaires. Cela aurait permis de vérifier s'il existe concrètement une association entre la présence de l'allèle 447X de la LPL et un taux d'acides gras plasmatiques élevé étant donné que l'hypothèse émise sur l'apparition des phénotypes observés est principalement basée sur les acides gras. Bref, une meilleure caractérisation des individus à l'étude contribuerait à faire ressortir davantage l'impact du polymorphisme S447X dans le développement de facteurs de risque de maladies cardiovasculaires.

5.2.5 Variant T1973C

Le variant T1973C se définit comme étant une substitution d'une thymine (T) pour une cytosine (C) au nucléotide 1973. Il est compris dans l'exon 10 de la LPL, une région 3' non-transcrite (3' UTR) (Murthy et al., 1996) et il a une hétérozygotie de 2% chez les caucasiens (NBCI, 1993). Jusqu'à présent, aucune association avec ce SNP n'a été répertoriée dans la littérature.

Cependant, dans la cohorte des travailleurs forestiers, l'étude d'association a permis de dénoter **l'influence de ce variant sur la susceptibilité de développer une hypertriglycéridémie, une hyperglycémie et, chez les individus présentant un tour de taille à risque (≥ 90 cm), une diminution de la concentration en C-HDL.** Afin d'expliquer l'obtention de tels résultats, il faut tenir compte du fait que ce SNP est situé dans une partie non codante du gène. En fait, la 3' UTR, située à l'extrémité 3' de ARNm, contient des séquences qui régulent l'efficacité de la transcription, la stabilité de l'ARNm et les signaux de polyadénylation (Murthy et al., 1996). Ainsi, il est possible de poser l'hypothèse que la présence du changement de nucléotide T1973C dans cette région nuirait à la bonne activité enzymatique de la LPL.

De plus, à l'analyse des résultats, on observe que ceux de T1973C concernant la triglycéridémie et la glycémie à jeun sont similaires à ceux obtenus dans l'analyse d'association avec le variant D9N. D'ailleurs, il a été clairement démontré dans la littérature que la présence de ce SNP mène à une déficience de la sécrétion de la LPL (Fisher et al., 1997). Donc, comme deuxième hypothèse, on peut supposer que T1973C aurait également cet impact sur l'activité de l'enzyme étant donné l'importance que peut avoir cette portion du gène dans l'expression adéquate de la protéine.

Finalement, l'hypothèse que le variant T1973C soit en déséquilibre de liaison avec un autre SNP est aussi à considérer. Toutefois, comme il a été mentionné précédemment pour HindIII, une étude haplotypique serait nécessaire afin de vérifier la véracité d'une telle hypothèse.

5.3 <u>Interprétation générale des résultats</u>

Dans le cadre d'une telle étude, l'utilisation d'une petite cohorte, telle que celle des travailleurs forestiers, offre des avantages et des inconvénients. Comme il est possible de le constater, certains résultats significatifs n'ont pas été considérés, ni analysés. Pour chaque analyse d'association, qui sont dans le cas présent de type cas-témoin, quatre regroupements ont été créés selon un génotype et un phénotype particulier. Ainsi, en raison du faible effectif de départ qui se subdivise, certains des groupes produits ne contiennent que quelques individus lorsque que le variant étudié présente une fréquence allélique faible. Cependant, ces données permettent tout de même de dénoter une certaine tendance. Par conséquent, afin de remédier à cette situation et d'assurer une puissance statistique appropriée, l'échantillon de travailleurs devrait être plus élevé pour les analyses haplotypiques subséquentes dont il a été question précédemment.

Par ailleurs, il est important de mentionner que, dans l'étude antérieure réalisée avec cette cohorte de travailleurs forestiers dans le cadre du mémoire de Nancy Tremblay, les avantages qu'offraient la participation d'une telle cohorte pour l'étude de traits complexes ont été exposés de façon évidente. En effet, l'utilisation d'un faible effectif, dans un environnement circonscrit, permet la détection d'associations déjà répertoriées en plus de permettre l'identification d'associations qui ne sont pas observer dans de grandes populations (Tremblay, 2004). Citons à titre d'exemple les résultats significatifs obtenus avec le variant S447X. Bref, cette cohorte avec un environnement circonscrit aura permis de réduire l'influence de l'environnement sur son interaction avec la lipase lipoprotéique permettant ainsi de mieux faire ressortir l'impact génétique dans le développement des facteurs de risque des maladies cardiovasculaires.

Enfin, il est important de noter que les données concernant la médication des sujets n'étaient pas disponibles. Aucune correction n'a donc été effectuée pour la prise de médicaments. Certains d'entre eux, dans la catégorie des thiazolidinediones, ont pour effet d'améliorer l'homéostasie du glucose en augmentant la sensibilité à l'insuline en cas d'obésité et de diabètes (Miyazaki et al., 2001; Hirose et al., 2002). De ce fait, certains individus qui n'étaient pas considérés à risque pour certains paramètres comme la glycémie et l'insulinémie, l'aurait peut-être été après correction. Ainsi, dans certains cas, il aurait été possible de mieux caractériser nos associations.

CHAPITRE VI

CONCLUSION

Afin de pouvoir de préciser la structure du gène de la LPL au sein d'une cohorte de travailleurs des camps forestiers de la Abitibi-Consolidated de Saint-Félicien, deux objectifs spécifiques étaient visés. Le premier, qui était d'évaluer les fréquences alléliques et génotypiques, a permis d'observer que la majorité des 14 variants du gène de la LPL ciblés dans cette cohorte de travailleurs forestiers avaient des fréquences similaires à celles retrouvées dans la littérature pour des cohortes issues de la population générale caucasienne. Parmi ceux-ci, seulement 6 d'entres eux ont eu une fréquence assez élevée pour la continuité des analyses. Ainsi, le deuxième objectif qui était de réaliser des analyses d'association cas-témoin a également été atteint permettant de découvrir ou de confirmer les liens existants entre certains de ces SNPs et divers facteurs de risque des maladies cardiovasculaires.

Pour ce qui est des résultats obtenus avec les polymorphismes situés dans les parties non codantes du gène tels que HindIII, rs327, rs330 et T1973C, ceux-ci démontrent que ces variants semblent être impliqués dans le développement de facteurs de risque de maladies cardiovasculaires malgré leur lien indirect avec l'activité de la LPL. Ainsi, il est primordial de leur accorder l'importance qu'il se doit afin d'assurer une meilleure compréhension de leur rôle respectif dans le métabolisme des lipides.

Enfin, des associations ont été confirmées concernant la triglycéridémie pour les variants D9N, HindIII et S447X. Pour ce qui est de toutes les autres associations, elles sont, à notre connaissance, décelées pour la première fois et elles touchent notamment les paramètres glycémiques. Celles qui attirent particulièrement notre attention impliquent le SNP S447X, qui est répertorié dans la littérature comme étant un variant de protection contre les maladies cardiovasculaires et qui, dans notre cohorte, semble également jouer un rôle de susceptibilité dans le développement de dysglycémie. En conséquence, il serait intéressant et pertinent de pousser plus loin les analyses afin de mieux comprendre les mécanismes qui sous-tendent l'apparition de ces phénotypes. Ainsi, la validation dans une population avec un effectif plus élevé serait nécessaire. D'autre part, la liaison qui semble exister entre les variants HindIII, rs327, rs331 et S447X nous indique que des analyses supplémentaires, dont une étude haplotypique, devront être réalisées afin d'évaluer si ces derniers ne seraient pas en déséquilibre de liaison.

PERSPECTIVES

Ce projet de maîtrise a permis l'obtention de résultats forts intéressants. Effectivement, le potentiel de l'information acquise permettra le développement de nouvelles hypothèses et ainsi l'élaboration de nouveaux projets de recherche. En premier lieu, une augmentation de l'échantillon serait souhaitée étant donné que certains regroupements faits pour les études d'association ne contenaient qu'une dizaine d'individus. L'ajout de sujets devrait, si possible, se faire parmi les travailleurs forestiers afin de conserver les avantages qu'apporte l'utilisation d'une telle cohorte. Par la suite, les résultats devront être confirmés dans d'autres populations.

De plus, suite aux résultats obtenus, l'élaboration d'une étude haplotypique sera indispensable. Pour ce faire, les introns 8 et 9 ainsi que l'exon 9 seront considérés. Étant donné que la cohorte ne comprend pas de familles, l'identification des haplotypes se fera par la technique PCR allèle-spécifique. Cette étude permettra de : 1) préciser la structure des blocs haplotypiques (nature de la mutation) retrouvés dans cette cohorte; 2) évaluer le degré de déséquilibre de liaison existant entre les polymorphismes de la région ciblée; 3) effectuer une analyse d'association haplotypique permettant de vérifier la relation qui se trouve entre ces haplotypes particuliers et la présence des divers facteurs de risque des maladies cardiovasculaires. Bref, l'approfondissement de nos connaissances dans ce domaine favorisera une meilleure compréhension du gène de la LPL, de son implication dans ce trait complexe et des mécanismes qui sous-tendent l'apparition des différents phénotypes qui y sont associés.

BIBLIOGRAPHIE

Ahn, YI, RE Ferrell, RF Hamman et MI Kamboh (1993). **Association of lipoprotein lipase gene variation with the physiological components of the insulin-resistance syndrome in the population of the San Luis Valley, Colorado.** *Diabetes Care* 16(11): 1502-6.

Ahn, YI, MI Kamboh, RF Hamman, SA Cole et RE Ferrell (1993). **Two DNA polymorphisms in the lipoprotein lipase gene and their associations with factors related to cardiovascular disease.** *J Lipid Res* 34(3): 421-8.

Babaev, VR, MB Patel, CF Semenkovich, S Fazio et MF Linton (2000). **Macrophage lipoprotein lipase promotes foam cell formation and atherosclerosis in low density lipoprotein receptor-deficient mice.** *J Biol Chem* 275(34): 26293-9.

Beauchamp, MC, E Letendre et G Renier (2002). **Macrophage lipoprotein lipase expression is increased in patients with heterozygous familial hypercholesterolemia.** *J Lipid Res* 43(2): 215-22.

Becker, KG, KC Barnes, TJ Bright et SA Wang (2004). **The genetic association database.** *Nat Genet* 36(5): 431-2.

Ben-Zeev, O, MH Doolittle, RC Davis, J Elovson et MC Schotz (1992). **Maturation of lipoprotein lipase. Expression of full catalytic activity requires glucose trimming but not translocation to the cis-Golgi compartment.** *J Biol Chem* 267(9): 6219-27.

Ben-Zeev, O, G Stahnke, G Liu, RC Davis et MH Doolittle (1994). **Lipoprotein lipase and hepatic lipase: the role of asparagine-linked glycosylation in the expression of a functional enzyme.** *J Lipid Res* 35(9): 1511-23.

Blackburn, P, B Lamarche, C Couillard, A Pascot, N Bergeron, D Prud'homme, A Tremblay, J Bergeron, I Lemieux et JP Despres (2003). **Postprandial hyperlipidemia: another correlate of the "hypertriglyceridemic waist" phenotype in men.** *Atherosclerosis* 171(2): 327-36.

Boden, G (2002). **Interaction between free fatty acids and glucose metabolism.** *Curr Opin Clin Nutr Metab Care* 5(5): 545-9.

Bonora, E, S Kiechl, J Willeit, F Oberhollenzer, G Egger, G Targher, M Alberiche, RC Bonadonna et M Muggeo (1998). **Prevalence of insulin resistance in metabolic disorders: the Bruneck Study.** *Diabetes* 47(10): 1643-9.

Borensztajn, J (1987). **Lipoprotein lipase.** Chicago, Evener Publishers, Inc.

Bouchard, G (1990). **Reproduction familiale et effets multiplicateurs.** Histoire d'un génome. Sillery, Presses de l'Université du Québec. p. 213-250.

Bouchard, G et M De Braeckeleer (1990). **Mouvements migratoires, effets fondateurs et homogénisation génétique.** Histoire d'un génome. Sillery, Presses de l'Université du Québec. p. 281-321.

Bouchard, G et M De Braeckeleer (1992). **Pourquoi des maladies héréditaires?** Sillery, Septentrion. 184 p.

Braun, JE et DL Severson (1992). **Regulation of the synthesis, processing and translocation of lipoprotein lipase.** *Biochem J* 287 (Pt 2): 337-47.

Brochu, M, A Tchernof, IJ Dionne, CK Sites, GH Eltabbakh, EA Sims et ET Poehlman (2001). **What are the physical characteristics associated with a normal metabolic profile despite a high level of obesity in postmenopausal women?** *J Clin Endocrinol Metab* 86(3): 1020-5.

Busca, R, MA Pujana, P Pognonec, J Auwerx, SS Deeb, M Reina et S Vilaro (1995). **Absence of N-glycosylation at asparagine 43 in human lipoprotein lipase induces its accumulation in the rough endoplasmic reticulum and alters this cellular compartment.** *J Lipid Res* 36(5): 939-51.

Cardon, LR et GR Abecasis (2003). **Using haplotype blocks to map human complex trait loci.** *Trends Genet* 19(3): 135-40.

Carpentier, A, SD Mittelman, RN Bergman, A Giacca et GF Lewis (2000). **Prolonged elevation of plasma free fatty acids impairs pancreatic beta-cell function in obese nondiabetic humans but not in individuals with type 2 diabetes**. *Diabetes* 49(3): 399-408.

Carpentier, A, SD Mittelman, B Lamarche, RN Bergman, A Giacca et GF Lewis (1999). **Acute enhancement of insulin secretion by FFA in humans is lost with prolonged FFA elevation**. *Am J Physiol* 276(6 Pt 1): E1055-66.

Chamberlain, JC, JA Thorn, K Oka, DJ Galton et J Stocks (1989). **DNA polymorphisms at the lipoprotein lipase gene: associations in normal and hypertriglyceridaemic subjects**. *Atherosclerosis* 79(1): 85-91.

Chan, LY, CW Lam, YT Mak, B Tomlinson, MW Tsang, L Baum, JR Masarei et CP Pang (2002). **Genotype-phenotype studies of six novel LPL mutations in Chinese patients with hypertriglyceridemia**. *Hum Mutat* 20(3): 232-3.

Chen, X, L Levine et PY Kwok (1999). **Fluorescence polarization in homogeneous nucleic acid analysis**. *Genome Res* 9(5): 492-8.

Coppack, SW, MD Jensen et JM Miles (1994). **In vivo regulation of lipolysis in humans**. *J Lipid Res* 35(2): 177-93.

Corella, D, M Guillen, C Saiz, O Portoles, A Sabater, J Folch et JM Ordovas (2002). **Associations of LPL and APOC3 gene polymorphisms on plasma lipids in a Mediterranean population: interaction with tobacco smoking and the APOE locus**. *J Lipid Res* 43(3): 416-27.

Couillard, C (2003). **Métabolisme des lipides endogènes**. Cours de lipidologie: Métabolisme des lipoprotéines.

Couillard, G (2000). **Analyse des facteurs associés à l'adoption des comportements liés à la santé cardiovasculaire chez les travailleurs forestiers**. Mémoire de maîtrise, Département de médecine sociale et préventive. Université Laval. 120 p.

Cryer, A (1981). **Tissue lipoprotein lipase activity and its action in lipoprotein metabolism**. *Int J Biochem* 13(5): 525-41.

Davis, RC, H Wong, J Nikazy, K Wang, Q Han et MC Schotz (1992). **Chimeras of hepatic lipase and lipoprotein lipase. Domain localization of enzyme-specific properties.** *J Biol Chem* 267(30): 21499-504.

Deeb, SS et RL Peng (1989). **Structure of the human lipoprotein lipase gene.** *Biochemistry* 28(10): 4131-5.

Despres, JP, A Pascot et I Lemieux (2000). **[Risk factors associated with obesity: a metabolic perspective].** *Ann Endocrinol (Paris)* 61 Suppl 6: 31-38.

Dichek, HL, C Parrott, R Ronan, JD Brunzell, HB Brewer, Jr. et S Santamarina-Fojo (1993). **Functional characterization of a chimeric lipase genetically engineered from human lipoprotein lipase and human hepatic lipase.** *J Lipid Res* 34(8): 1393-40.

Dobbelsteyn, CJ, MR Joffres, DR MacLean et G Flowerdew (2001). **A comparative evaluation of waist circumference, waist-to-hip ratio and body mass index as indicators of cardiovascular risk factors. The Canadian Heart Health Surveys.** *Int J Obes Relat Metab Disord* 25(5): 652-61.

Doolittle, MH, O Ben-Zeev, J Elovson, D Martin et TG Kirchgessner (1990). **The response of lipoprotein lipase to feeding and fasting. Evidence for posttranslational regulation.** *J Biol Chem* 265(8): 4570-7.

Dugi, KA, HL Dichek, GD Talley, HB Brewer, Jr. et S Santamarina-Fojo (1992). **Human lipoprotein lipase: the loop covering the catalytic site is essential for interaction with lipid substrates.** *J Biol Chem* 267(35): 25086-91.

Eckel, RH, SM Grundy et PZ Zimmet (2005). **The metabolic syndrome.** *Lancet* 365(9468): 1415-28.

Elbein, SC, C Yeager, LK Kwong, A Lingam, I Inoue, JM Lalouel et DE Wilson (1994). **Molecular screening of the lipoprotein lipase gene in hypertriglyceridemic members of familial noninsulin-dependent diabetes mellitus families.** *J Clin Endocrinol Metab* 79(5): 1450-6.

Emmerich, J, OU Beg, J Peterson, L Previato, JD Brunzell, HB Brewer, Jr. et S Santamarina-Fojo (1992). **Human lipoprotein lipase. Analysis of the catalytic triad by site-directed mutagenesis of Ser-132, Asp-156, and His-241**. *J Biol Chem* 267(6): 4161-5.

Enerback, S et JM Gimble (1993). **Lipoprotein lipase gene expression: physiological regulators at the transcriptional and post-transcriptional level**. *Biochim Biophys Acta* 1169(2): 107-25.

Expert Panel on Detection Evaluation and Treatment of High Blood Cholesterol in Adults (2001). **Executive Summary of The Third Report of The National Cholesterol Education Program (NCEP) Expert Panel on Detection, Evaluation, And Treatment of High Blood Cholesterol In Adults (Adult Treatment Panel III)**. *JAMA* 285(19): 2486-97.

Faraj, M, HL Lu et K Cianflone (2004). **Diabetes, lipids, and adipocyte secretagogues**. *Biochem Cell Biol* 82(1): 170-90.

Farese, RV, Jr., TJ Yost et RH Eckel (1991). **Tissue-specific regulation of lipoprotein lipase activity by insulin/glucose in normal-weight humans**. *Metabolism* 40(2): 214-6.

Faustinella, F, LC Smith et L Chan (1992). **Functional topology of a surface loop shielding the catalytic center in lipoprotein lipase**. *Biochemistry* 31(32): 7219-23.

Felber, JP et A Golay (2002). **Pathways from obesity to diabetes**. *Int J Obes Relat Metab Disord* 26 Suppl 2: S39-45.

Fielding, BA et KN Frayn (1998). **Lipoprotein lipase and the disposition of dietary fatty acids**. *Br J Nutr* 80(6): 495-502.

Fisher, RM, SE Humphries et PJ Talmud (1997). **Common variation in the lipoprotein lipase gene: effects on plasma lipids and risk of atherosclerosis**. *Atherosclerosis* 135(2): 145-59.

Fondation des maladies du coeur du Canada. (2003). **Le fardeau croissant des maladies cardiovasculaires et des accidents vasculaires cérébraux au Canada, 2003**. Statistique Canada et l'Institut canadien d'information sur la santé. 1-79.

Frayn, KN, SM Humphreys et SW Coppack (1996). **Net carbon flux across subcutaneous adipose tissue after a standard meal in normal-weight and insulin-resistant obese subjects**. *Int J Obes Relat Metab Disord* 20(9): 795-800.

Freedland, ES (2004). **Role of a critical visceral adipose tissue threshold (CVATT) in metabolic syndrome: implications for controlling dietary carbohydrates: a review**. *Nutr Metab (Lond)* 1(1): 12.

Gagné, SE, MG Larson, SN Pimstone, EJ Schaefer, JJ Kastelein, PW Wilson, JM Ordovas et MR Hayden (1999). **A common truncation variant of lipoprotein lipase (Ser447X) confers protection against coronary heart disease: the Framingham Offspring Study**. *Clin Genet* 55(6): 450-4.

Genest, J, J Frohlich, G Fodor et R McPherson (2003). **Recommendations for the management of dyslipidemia and the prevention of cardiovascular disease: summary of the 2003 update**. *Cmaj* 169(9): 921-4.

Gerdes, C, RM Fisher, V Nicaud, J Boer, SE Humphries, PJ Talmud et O Faergeman (1997). **Lipoprotein lipase variants D9N and N291S are associated with increased plasma triglyceride and lower high-density lipoprotein cholesterol concentrations: studies in the fasting and postprandial states: the European Atherosclerosis Research Studies**. *Circulation* 96(3): 733-40.

Ginsberg, HN (1998). **Lipoprotein physiology**. *Endocrinol Metab Clin North Am* 27(3): 503-19.

Girman, CJ, T Rhodes, M Mercuri, K Pyorala, J Kjekshus, TR Pedersen, PA Beere, AM Gotto et M Clearfield (2004). **The metabolic syndrome and risk of major coronary events in the Scandinavian Simvastatin Survival Study (4S) and the Air Force/Texas Coronary Atherosclerosis Prevention Study (AFCAPS/TexCAPS)**. *Am J Cardiol* 93(2): 136-41.

Goldberg, IJ (1996). **Lipoprotein lipase and lipolysis: central roles in lipoprotein metabolism and atherogenesis**. *J Lipid Res* 37(4): 693-707.

Goodarzi, MO, X Guo, KD Taylor, MJ Quinones, MF Saad, H Yang, WA Hsueh et JI Rotter (2004). **Lipoprotein lipase is a gene for insulin resistance in mexican americans**. *Diabetes* 53(1): 214-20.

Gotoda, T, N Yamada, M Kawamura, K Kozaki, N Mori, S Ishibashi, H Shimano, F Takaku, Y Yazaki, Y Furuichi et T Murase (1991). **Heterogeneous mutations in the human lipoprotein lipase gene in patients with familial lipoprotein lipase deficiency**. *J Clin Invest* 88(6): 1856-64.

Groenemeijer, BE, MD Hallman, PW Reymer, E Gagne, JA Kuivenhoven, T Bruin, H Jansen, KI Lie, AV Bruschke, E Boerwinkle, MR Hayden et JJ Kastelein (1997). **Genetic variant showing a positive interaction with beta-blocking agents with a beneficial influence on lipoprotein lipase activity, HDL cholesterol, and triglyceride levels in coronary artery disease patients. The Ser447-stop substitution in the lipoprotein lipase gene. REGRESS Study Group**. *Circulation* 95(12): 2628-35.

Grundy, SM, B Hansen, SC Smith, Jr., JI Cleeman et RA Kahn (2004). **Clinical management of metabolic syndrome: report of the American Heart Association/National Heart, Lung, and Blood Institute/American Diabetes Association conference on scientific issues related to management**. *Circulation* 109(4): 551-6.

Hahn, PF (1943). **Abolishment of alimentary lipemia following injection of heparin**. *Science* 98: 19-20.

Hall, S, G Chu, G Miller, K Cruickshank, JA Cooper, SE Humphries et PJ Talmud (1997). **A common mutation in the lipoprotein lipase gene promoter, -93T/G, is associated with lower plasma triglyceride levels and increased promoter activity in vitro**. *Arterioscler Thromb Vasc Biol* 17(10): 1969-76.

Hartl, DL et AG Clarke (1997). **Principles of Population Genetics**. Sunderland, Sinauer Associates, Inc. 542 p.

Hata, A, DN Ridinger, S Sutherland, M Emi, Z Shuhua, RL Myers, K Ren, T Cheng, I Inoue, DE Wilson, PH Iveriusli et JM Lalouel (1993). **Binding of lipoprotein lipase to heparin. Identification of five critical residues in two distinct segments of the amino-terminal domain**. *J Biol Chem* 268(12): 8447-57.

Hata, A, M Robertson, M Emi et JM Lalouel (1990). **Direct detection and automated sequencing of individual alleles after electrophoretic strand separation: identification of a common nonsense mutation in exon 9 of the human lipoprotein lipase gene.** *Nucleic Acids Res* 18(18): 5407-11.

Hawkins, M, N Barzilai, R Liu, M Hu, W Chen et L Rossetti (1997). **Role of the glucosamine pathway in fat-induced insulin resistance.** *J Clin Invest* 99(9): 2173-82.

Heinzmann, C, J Ladias, S Antonarakis, T Kirchgessner, M Schotz et AJ Lusis (1987). **RFLP for the human lipoprotein lipase (LPL) gene: HindIII.** *Nucleic Acids Res* 15(16): 6763.

Heizmann, C, T Kirchgessner, PO Kwiterovich, JA Ladias, C Derby, SE Antonarakis et AJ Lusis (1991). **DNA polymorphism haplotypes of the human lipoprotein lipase gene: possible association with high density lipoprotein levels.** *Hum Genet* 86(6): 578-84.

Hide, WA, L Chan et WH Li (1992). **Structure and evolution of the lipase superfamily.** *J Lipid Res* 33(2): 167-78.

Hirose, H, T Kawai, Y Yamamoto, M Taniyama, M Tomita, K Matsubara, Y Okazaki, T Ishii, Y Oguma, I Takei et T Saruta (2002). **Effects of pioglitazone on metabolic parameters, body fat distribution, and serum adiponectin levels in Japanese male patients with type 2 diabetes.** *Metabolism* 51(3): 314-7.

Hokanson, JE (1997). **Lipoprotein lipase gene variants and risk of coronary disease: a quantitative analysis of population-based studies.** *Int J Clin Lab Res* 27(1): 24-34.

Hokanson, JE, JD Brunzell, GP Jarvik, EM Wijsman et MA Austin (1999). **Linkage of low-density lipoprotein size to the lipoprotein lipase gene in heterozygous lipoprotein lipase deficiency.** *Am J Hum Genet* 64(2): 608-18.

Humphries, SE, V Nicaud, J Margalef, L Tiret et PJ Talmud (1998). **Lipoprotein lipase gene variation is associated with a paternal history of premature coronary artery disease and fasting and postprandial plasma triglycerides: the European Atherosclerosis Research Study (EARS)**. *Arterioscler Thromb Vasc Biol* 18(4): 526-34.

Isomaa, B, P Almgren, T Tuomi, B Forsen, K Lahti, M Nissen, MR Taskinen et L Groop (2001). **Cardiovascular morbidity and mortality associated with the metabolic syndrome**. *Diabetes Care* 24(4): 683-9.

Jemaa, R, F Fumeron, O Poirier, L Lecerf, A Evans, D Arveiler, G Luc, JP Cambou, JM Bard, JC Fruchart, M Apfelbaum, F Cambien et L Tiret (1995). **Lipoprotein lipase gene polymorphisms: associations with myocardial infarction and lipoprotein levels, the ECTIM study. Etude Cas Temoin sur l'Infarctus du Myocarde**. *J Lipid Res* 36(10): 2141-6.

Julien, P, C Gagne, MR Murthy, G Levesque, S Moorjani, F Cadelis, MR Hayden et PJ Lupien (1998). **Dyslipidemias associated with heterozygous lipoprotein lipase mutations in the French-Canadian population**. *Hum Mutat* Suppl 1: S148-53.

Kahn, BB et JS Flier (2000). **Obesity and insulin resistance**. *J Clin Invest* 106(4): 473-81.

Kannel, WB (2000). **Risk stratification in hypertension: new insights from the Framingham Study**. *Am J Hypertens* 13(1 Pt 2): 3S-10S.

Kastelein, JJ, BE Groenemeyer, DM Hallman, H Henderson, PW Reymer, SE Gagne, H Jansen, JC Seidell, D Kromhout, JW Jukema, AV Bruschke, E Boerwinkle et MR Hayden (1998). **The Asn9 variant of lipoprotein lipase is associated with the -93G promoter mutation and an increased risk of coronary artery disease. The Regress Study Group**. *Clin Genet* 53(1): 27-33.

Kirchgessner, TG, JC Chuat, C Heinzmann, J Etienne, S Guilhot, K Svenson, D Ameis, C Pilon, L d'Auriol, A Andalibi, MC Schotz, F Galibert et AJ Lusis (1989). **Organization of the human lipoprotein lipase gene and evolution of the lipase gene family**. *Proc Natl Acad Sci U S A* 86(24): 9647-51.

Kitajima, S, M Morimoto, E Liu, T Koike, Y Higaki, Y Taura, K Mamba, K Itamoto, T Watanabe, K Tsutsumi, N Yamada et J Fan (2004). **Overexpression of lipoprotein lipase improves insulin resistance induced by a high-fat diet in transgenic rabbits.** *Diabetologia* 47(7): 1202-9.

Ko, YL, YS Ko, SM Wu, MS Teng, FR Chen, TS Hsu, CW Chiang et YS Lee (1997). **Interaction between obesity and genetic polymorphisms in the apolipoprotein CIII gene and lipoprotein lipase gene on the risk of hypertriglyceridemia in Chinese.** *Hum Genet* 100(3-4): 327-33.

Koike, T, J Liang, X Wang, T Ichikawa, M Shiomi, G Liu, H Sun, S Kitajima, M Morimoto, T Watanabe, N Yamada et J Fan (2004). **Overexpression of lipoprotein lipase in transgenic watanabe heritable hyperlipidemic rabbits improves hyperlipidemia and obesity.** *J Biol Chem* 279(9): 7521-9.

Kwok, PY (2002). **SNP genotyping with fluorescence polarization detection.** *Hum Mutat* 19(4): 315-23.

Lakka, HM, DE Laaksonen, TA Lakka, LK Niskanen, E Kumpusalo, J Tuomilehto et JT Salonen (2002). **The metabolic syndrome and total and cardiovascular disease mortality in middle-aged men.** *Jama* 288(21): 2709-16.

Lemieux, I, N Almeras, P Mauriege, C Blanchet, E Dewailly, J Bergeron et JP Despres (2002). **Prevalence of 'hypertriglyceridemic waist' in men who participated in the Quebec Health Survey: association with atherogenic and diabetogenic metabolic risk factors.** *Can J Cardiol* 18(7): 725-32.

Lithell, H, J Boberg, K Hellsing, G Lundqvist et B Vessby (1978). **Lipoprotein-lipase activity in human skeletal muscle and adipose tissue in the fasting and the fed states.** *Atherosclerosis* 30(1): 89-94.

Lookene, A et G Bengtsson-Olivecrona (1993). **Chymotryptic cleavage of lipoprotein lipase. Identification of cleavage sites and functional studies of the truncated molecule.** *Eur J Biochem* 213(1): 185-94.

Ma, Y, HE Henderson, V Murthy, G Roederer, MV Monsalve, LA Clarke, T Normand, P Julien, C Gagne, M Lambert et et al. (1991). **A mutation in the human lipoprotein lipase gene as the most common cause of familial chylomicronemia in French Canadians**. *N Engl J Med* 324(25): 1761-6.

Mailly, F, Y Tugrul, PW Reymer, T Bruin, M Seed, BF Groenemeyer, A Asplund-Carlson, D Vallance, AF Winder, GJ Miller, JJ Kastelein, A Hamsten, G Olivecrona, SE Humphries et PJ Talmud (1995). **A common variant in the gene for lipoprotein lipase (Asp9-->Asn). Functional implications and prevalence in normal and hyperlipidemic subjects**. *Arterioscler Thromb Vasc Biol* 15(4): 468-78.

Malik, S, ND Wong, SS Franklin, TV Kamath, GJ L'Italien, JR Pio et GR Williams (2004). **Impact of the metabolic syndrome on mortality from coronary heart disease, cardiovascular disease, and all causes in United States adults**. *Circulation* 110(10): 1245-50.

Mamputu, JC, AC Desfaits et G Renier (1997). **Lipoprotein lipase enhances human monocyte adhesion to aortic endothelial cells**. *J Lipid Res* 38(9): 1722-9.

Mamputu, JC, L Levesque et G Renier (2000). **Proliferative effect of lipoprotein lipase on human vascular smooth muscle cells**. *Arterioscler Thromb Vasc Biol* 20(10): 2212-9.

McGladdery, SH, SN Pimstone, SM Clee, JF Bowden, MR Hayden et JJ Frohlich (2001). **Common mutations in the lipoprotein lipase gene (LPL): effects on HDL-cholesterol levels in a Chinese Canadian population**. *Atherosclerosis* 156(2): 401-7.

McIlhargey, TL, Y Yang, H Wong et JS Hill (2003). **Identification of a lipoprotein lipase cofactor-binding site by chemical cross-linking and transfer of apolipoprotein C-II-responsive lipolysis from lipoprotein lipase to hepatic lipase**. *J Biol Chem* 278(25): 23027-35.

McLaughlin, T, F Abbasi, K Cheal, J Chu, C Lamendola et G Reaven (2003). **Use of metabolic markers to identify overweight individuals who are insulin resistant**. *Ann Intern Med* 139(10): 802-9.

Mead, JR, A Cryer et DP Ramji (1999). **Lipoprotein lipase, a key role in atherosclerosis?** *FEBS Lett* 462(1-2): 1-6.

Mead, JR, SA Irvine et DP Ramji (2002). **Lipoprotein lipase: structure, function, regulation, and role in disease.** *J Mol Med* 80(12): 753-69.

Mead, JR et DP Ramji (2002). **The pivotal role of lipoprotein lipase in atherosclerosis.** *Cardiovasc Res* 55(2): 261-9.

Merkel, M, RH Eckel et IJ Goldberg (2002). **Lipoprotein lipase: genetics, lipid uptake, and regulation.** *J Lipid Res* 43(12): 1997-2006.

Merkel, M, J Heeren, W Dudeck, F Rinninger, H Radner, JL Breslow, IJ Goldberg, R Zechner et H Greten (2002). **Inactive lipoprotein lipase (LPL) alone increases selective cholesterol ester uptake in vivo, whereas in the presence of active LPL it also increases triglyceride hydrolysis and whole particle lipoprotein uptake.** *J Biol Chem* 277(9): 7405-11.

Merkel, M, Y Kako, H Radner, IS Cho, R Ramasamy, JD Brunzell, IJ Goldberg et JL Breslow (1998). **Catalytically inactive lipoprotein lipase expression in muscle of transgenic mice increases very low density lipoprotein uptake: direct evidence that lipoprotein lipase bridging occurs in vivo.** *Proc Natl Acad Sci U S A* 95(23): 13841-6.

Miller, AL et LC Smith (1973). **Activation of lipoprotein lipase by apolipoprotein glutamic acid. Formation of a stable surface film.** *J Biol Chem* 248(9): 3359-62.

Miyazaki, Y, L Glass, C Triplitt, M Matsuda, K Cusi, A Mahankali, S Mahankali, LJ Mandarino et RA DeFronzo (2001). **Effect of rosiglitazone on glucose and non-esterified fatty acid metabolism in Type II diabetic patients.** *Diabetologia* 44(12): 2210-9.

Mullis, K, F Faloona, S Scharf, R Saiki, G Horn et H Erlich (1986). **Specific enzymatic amplification of DNA in vitro: the polymerase chain reaction.** *Cold Spring Harb Symp Quant Biol* 51 Pt 1: 263-73.

Murthy, V, P Julien et C Gagne (1996). **Molecular pathobiology of the human lipoprotein lipase gene.** *Pharmacol Ther* 70(2): 101-35.

Murthy, V, P Julien et E Levy (1996). **Human lipoprotein lipase deficiency: does chronic dyslipidemia lead to increased oxidative stress and mitochondrial DNA damage in blood cells?** *Acta Biochem Polonica* 43(1): 227-240.

NBCI (1993).**National Center of Biotechnology Information**. U.S National Library of Medecine. (Page consultée en janvier 2003). http://www.ncbi.nlm.nih.gov/.

Nevin, DN, JD Brunzell et SS Deeb (1994). **The LPL gene in individuals with familial combined hyperlipidemia and decreased LPL activity**. *Arterioscler Thromb* 14(6): 869-73.

Normand, T, J Bergeron, T Fernandez-Margallo, A Bharucha, MR Ven Murthy, P Julien, C Gagne, C Dionne, M De Braekeleer, R Ma et et al. (1992). **Geographic distribution and genealogy of mutation 207 of the lipoprotein lipase gene in the French Canadian population of Quebec**. *Hum Genet* 89(6): 671-5.

Nykjaer, A, M Nielsen, A Lookene, N Meyer, H Roigaard, M Etzerodt, U Beisiegel, G Olivecrona et J Gliemann (1994). **A carboxyl-terminal fragment of lipoprotein lipase binds to the low density lipoprotein receptor-related protein and inhibits lipase-mediated uptake of lipoprotein in cells**. *J Biol Chem* 269(50): 31747-55.

Osborne, JC, Jr., G Bengtsson-Olivecrona, NS Lee et T Olivecrona (1985). **Studies on inactivation of lipoprotein lipase: role of the dimer to monomer dissociation**. *Biochemistry* 24(20): 5606-11.

Paradis, G et C Thivierge (2004). **Les maladies cardiovasculaires**. Direction de la santé publique. 1-4.

Peacock, RE, A Hamsten, P Nilsson-Ehle et SE Humphries (1992). **Associations between lipoprotein lipase gene polymorphisms and plasma correlations of lipids, lipoproteins and lipase activities in young myocardial infarction survivors and age-matched healthy individuals from Sweden**. *Atherosclerosis* 97(2-3): 171-85.

Peltonen, L, A Palotie et K Lange (2000). **Use of population isolates for mapping complex traits**. *Nat Rev Genet* 1(3): 182-90.

PerkinElmer Life Sciences (2000). **AcycloPrime™-FP SNP Detection Kit.** Boston, PerkinElmer, Inc. 16 p.

Preiss-Landl, K, R Zimmermann, G Hammerle et R Zechner (2002). **Lipoprotein lipase: the regulation of tissue specific expression and its role in lipid and energy metabolism.** *Curr Opin Lipidol* 13(5): 471-81.

Randle, PJ, PB Garland, CN Hales et EA Newsholme (1963). **The glucose fatty-acid cycle. Its role in insulin sensitivity and the metabolic disturbances of diabetes mellitus.** *Lancet* 1: 785-9.

Reaven, GM (1995). **Pathophysiology of insulin resistance in human disease.** *Physiol Rev* 75(3): 473-86.

Renier, G, E Skamene, JB DeSanctis et D Radzioch (1993). **High macrophage lipoprotein lipase expression and secretion are associated in inbred murine strains with susceptibility to atherosclerosis.** *Arterioscler Thromb* 13(2): 190-6.

Reymer, PW, E Gagne, BE Groenemeyer, H Zhang, I Forsyth, H Jansen, JC Seidell, D Kromhout, KE Lie, J Kastelein et MR Hayden (1995). **A lipoprotein lipase mutation (Asn291Ser) is associated with reduced HDL cholesterol levels in premature atherosclerosis.** *Nat Genet* 10(1): 28-34.

Roden, M, TB Price, G Perseghin, KF Petersen, DL Rothman, GW Cline et GI Shulman (1996). **Mechanism of free fatty acid-induced insulin resistance in humans.** *J Clin Invest* 97(12): 2859-65.

Sadur, CN et RH Eckel (1982). **Insulin stimulation of adipose tissue lipoprotein lipase. Use of the euglycemic clamp technique.** *J Clin Invest* 69(5): 1119-25.

Sadur, CN, TJ Yost et RH Eckel (1984). **Insulin responsiveness of adipose tissue lipoprotein lipase is delayed but preserved in obesity.** *J Clin Endocrinol Metab* 59(6): 1176-82.

Santé environnementale et sécurité des consommateurs. (2002).**Le tabagisme et les maladies du coeur - Programme de la lutte au tabagisme**. Santé Canada. (Page consultée en juin 2004). http://www.hc-sc.gc.ca/hecs-sesc/tabac/faits/
faits_sante/coeur.html.

Sartippour, MR et G Renier (2000). **Upregulation of macrophage lipoprotein lipase in patients with type 2 diabetes: role of peripheral factors**. *Diabetes* 49(4): 597-602.

Semenkovich, CF, CC Luo, MK Nakanishi, SH Chen, LC Smith et L Chan (1990). **In vitro expression and site-specific mutagenesis of the cloned human lipoprotein lipase gene. Potential N-linked glycosylation site asparagine 43 is important for both enzyme activity and secretion**. *J Biol Chem* 265(10): 5429-33.

Serre, J-L (1997). **Génétique des populations. Modèle de base et applications**. Paris, Nathan. 250 p.

Sniderman, AD, CD Furberg, A Keech, JE Roeters van Lennep, J Frohlich, I Jungner et G Walldius (2003). **Apolipoproteins versus lipids as indices of coronary risk and as targets for statin treatment**. *Lancet* 361(9359): 777-80.

Spector, AA (1975). **Fatty acid binding to plasma albumin**. *J Lipid Res* 16(3): 165-79.

St-Pierre, J, I Lemieux, MC Vohl, P Perron, G Tremblay, JP Despres et D Gaudet (2002). **Contribution of abdominal obesity and hypertriglyceridemia to impaired fasting glucose and coronary artery disease**. *Am J Cardiol* 90(1): 15-8.

Stryer, L (1988). **Metabolism: basic concept and design**. Biochemistry. New York, L. Stryer, W.H. Freeman and Company. p. 315-330.

Talmud, PJ, S Hall, S Holleran, R Ramakrishnan, HN Ginsberg et SE Humphries (1998). **LPL promoter -93T/G transition influences fasting and postprandial plasma triglycerides response in African-Americans and Hispanics**. *J Lipid Res* 39(6): 1189-96.

Templeton, AR (1996). **Cladistic approaches to identifying determinants of variability in multifactorial phenotypes and the evolutionary significance of variation in the human genome.** *Ciba Found Symp* 197: 259-77; discussion 277-83.

Tengku-Muhammad, TS, TR Hughes, A Cryer et DP Ramji (1999). **Involvement of both the tyrosine kinase and the phosphatidylinositol-3' kinase signal transduction pathways in the regulation of lipoprotein lipase expression in J774.2 macrophages by cytokines and lipopolysaccharide.** *Cytokine* 11(7): 463-8.

Thompson, PD, D Buchner, IL Pina, GJ Balady, MA Williams, BH Marcus, K Berra, SN Blair, F Costa, B Franklin, GF Fletcher, NF Gordon, RR Pate, BL Rodriguez, AK Yancey et NK Wenger (2003). **Exercise and physical activity in the prevention and treatment of atherosclerotic cardiovascular disease: a statement from the Council on Clinical Cardiology (Subcommittee on Exercise, Rehabilitation, and Prevention) and the Council on Nutrition, Physical Activity, and Metabolism (Subcommittee on Physical Activity).** *Circulation* 107(24): 3109-16.

Tremblay, N (2004). **Analyse génotypique de gènes de susceptibilité à l'obésité au sein d'une cohorte de travailleurs forestiers de la compagnie Abitibi-Consolidated de Saint-Félicien.** Mémoire de maîtrise, Département des sciences humaines. Université du Québec à Chicoutimi. 143 p.

Ukkola, O, C Garenc, L Perusse, J Bergeron, JP Despres, DC Rao et C Bouchard (2001). **Genetic variation at the lipoprotein lipase locus and plasma lipoprotein and insulin levels in the Quebec Family Study.** *Atherosclerosis* 158(1): 199-206.

Unger, RH (1995). **Lipotoxicity in the pathogenesis of obesity-dependent NIDDM. Genetic and clinical implications.** *Diabetes* 44(8): 863-70.

van Bockxmeer, FM, Q Liu, C Mamotte, V Burke et R Taylor (2001). **Lipoprotein lipase D9N, N291S and S447X polymorphisms: their influence on premature coronary heart disease and plasma lipids.** *Atherosclerosis* 157(1): 123-9.

van Eck, M, R Zimmermann, PH Groot, R Zechner et TJ Van Berkel (2000). **Role of macrophage-derived lipoprotein lipase in lipoprotein metabolism and atherosclerosis**. *Arterioscler Thromb Vasc Biol* 20(9): E53-62.

van Tilbeurgh, H, A Roussel, JM Lalouel et C Cambillau (1994). **Lipoprotein lipase. Molecular model based on the pancreatic lipase x-ray structure: consequences for heparin binding and catalysis**. *J Biol Chem* 269(6): 4626-33.

Vohl, MC, B Lamarche, S Moorjani, D Prud'homme, A Nadeau, C Bouchard, PJ Lupien et JP Despres (1995). **The lipoprotein lipase HindIII polymorphism modulates plasma triglyceride levels in visceral obesity**. *Arterioscler Thromb Vasc Biol* 15(5): 714-20.

Wang, CS, J Hartsuck et WJ McConathy (1992). **Structure and functional properties of lipoprotein lipase**. *Biochim Biophys Acta* 1123(1): 1-17.

WHO (2000). **Obesity: preventing and managing the global epidemic: report of a WHO consultation**. World Health Organisation Technical Report Series. 894: 1-253.

Williams, SE, I Inoue, H Tran, GL Fry, MW Pladet, PH Iverius, JM Lalouel, DA Chappell et DK Strickland (1994). **The carboxyl-terminal domain of lipoprotein lipase binds to the low density lipoprotein receptor-related protein/alpha 2-macroglobulin receptor (LRP) and mediates binding of normal very low density lipoproteins to LRP**. *J Biol Chem* 269(12): 8653-8.

Winkler, FK, A D'Arcy et W Hunziker (1990). **Structure of human pancreatic lipase**. *Nature* 343(6260): 771-4.

Wittekoek, ME, E Moll, SN Pimstone, MD Trip, PJ Lansberg, JC Defesche, JJ van Doormaal, MR Hayden et JJ Kastelein (1999). **A frequent mutation in the lipoprotein lipase gene (D9N) deteriorates the biochemical and clinical phenotype of familial hypercholesterolemia**. *Arterioscler Thromb Vasc Biol* 19(11): 2708-13.

Wittrup, HH, A Tybjaerg-Hansen et BG Nordestgaard (1999). **Lipoprotein lipase mutations, plasma lipids and lipoproteins, and risk of ischemic heart disease. A meta-analysis**. *Circulation* 99(22): 2901-7.

Wittrup, HH, A Tybjaerg-Hansen, R Steffensen, SS Deeb, JD Brunzell, G Jensen et BG Nordestgaard (1999). **Mutations in the lipoprotein lipase gene associated with ischemic heart disease in men. The Copenhagen city heart study.** *Arterioscler Thromb Vasc Biol* 19(6): 1535-40.

Wong, H, RC Davis, J Nikazy, KE Seebart et MC Schotz (1991). **Domain exchange: characterization of a chimeric lipase of hepatic lipase and lipoprotein lipase.** *Proc Natl Acad Sci U S A* 88(24): 11290-4.

Wyman, AR et R White (1980). **A highly polymorphic locus in human DNA.** *Proc Natl Acad Sci U S A* 77(11): 6754-8.

Yang, T, CP Pang, MW Tsang, CW Lam, PM Poon, LY Chan, XQ Wu, B Tomlinson et L Baum (2003). **Pathogenic mutations of the lipoprotein lipase gene in Chinese patients with hypertriglyceridemic type 2 diabetes.** *Hum Mutat* 21(4): 453.

Yang, WS, DN Nevin, R Peng, JD Brunzell et SS Deeb (1995). **A mutation in the promoter of the lipoprotein lipase (LPL) gene in a patient with familial combined hyperlipidemia and low LPL activity.** *Proc Natl Acad Sci U S A* 92(10): 4462-6.

Yki-Jarvinen, H, MR Taskinen, VA Koivisto et EA Nikkila (1984). **Response of adipose tissue lipoprotein lipase activity and serum lipoproteins to acute hyperinsulinaemia in man.** *Diabetologia* 27(3): 364-9.

Yost, TJ, KK Froyd, DR Jensen et RH Eckel (1995). **Change in skeletal muscle lipoprotein lipase activity in response to insulin/glucose in non-insulin-dependent diabetes mellitus.** *Metabolism* 44(6): 786-90.

Zavaroni, I, E Bonora, M Pagliara, E Dall'Aglio, L Luchetti, G Buonanno, PA Bonati, M Bergonzani, L Gnudi, M Passeri et al. (1989). **Risk factors for coronary artery disease in healthy persons with hyperinsulinemia and normal glucose tolerance.** *N Engl J Med* 320(11): 702-6.

Zhang, H, H Henderson, SE Gagne, SM Clee, L Miao, G Liu et MR Hayden (1996). **Common sequence variants of lipoprotein lipase: standardized studies of in vitro expression and catalytic function.** *Biochim Biophys Acta* 1302(2): 159-66.

ANNEXE A

Fréquences génotypiques, fréquences alléliques et résultats de l'équilibre Hardy-Weinberg pour tous les polymorphismes étudiés

Polymorphismes	Fréquences génotypiques		Fréquences alléliques	Équilibre Hardy-Weinberg	
				χ^2	Probabilité
T-93G	HN	251	p = 1,0000	0	1,00
	HZ	0	q = 0,0000		
	HM	0			
A28V	HN	242	p = 0,9979	0,001	0,99
	HZ	1	q = 0,0021		
	HM	0			
D9N	HN	239	p = 0,9742	0,179	0,75
	HZ	1	q = 0,0258		
	HM	0			
A71T	HN	246	p = 0,9960	0,004	0,99
	HZ	2	q = 0,0040		
	HM	0			
P207L	HN	248	p = 0,9921	0,017	0,97
	HZ	4	q = 0,0079		
	HM	0			
N291S	HN	247	p = 0,9901	0,027	0,95
	HZ	5	q = 0,0099		
	HM	0			
S338F	HN	247	p = 0,9901	0,027	0,95
	HZ	5	q = 0,0099		
	HM	0			
W382X	HN	248	p = 0,9960	0,004	0,99
	HZ	2	q = 0,0040		
	HM	0			
HINDIII	HN	144	p = 0,7738	2,231	0,15
	HZ	92	q = 0,2262		
	HM	16			
rs327	HN	141	p = 0,7659	2,301	0,15
	HZ	92	q = 0,2341		
	HM	19			
S447X	HN	199	p = 0,9008	1,041	0,32
	HZ	51	q = 0,0992		
	HM	2			
rs329	HN	242	p = 0,9959	0,004	0,99
	HZ	2	q = 0,0041		
	HM	0			
rs331	HN	141	p = 0,7659	2,301	0,15
	HZ	92	q = 0,2341		
	HM	19			
T1973C	HN	233	p = 0,9623	0,386	0,58
	HZ	19	q = 0,0377		
	HM	0			

ANNEXE B

Ensemble des résultats des régressions logistiques binaires obtenus pour les polymorphismes étudiés (D9N, HindIII, rs327, rs331, S447X et T1973C)

Tableau 1 : Résultats des régressions logistiques binaires avec le variant D9N

	D9N	<42 ans & allèle D9‡	<42 ans & allèle 9N	≥42 ans & allèle D9	≥42 ans & allèle 9N	IMC <27 & allèle D9‡	IMC <27 & allèle 9N	IMC ≥27 & allèle D9	IMC ≥27 & allèle 9N	TT <90 & allèle D9‡	TT <90 & allèle 9N	TT ≥90 & allèle D9	TT ≥90 & allèle 9N
IMC ≥ 27 kg/m²	1,176	1,000	0,259	1,683	4,184								
TT ≥ 90 cm	0,924	1,000	0,110	2,209*	8,9 x 10⁸								
Ins ≥ 109 pmol/L (BMI)	0,864	1,000	0,000	0,562	0,611	1,000	27,212*	12,363*	0,000				
Ins ≥ 109 pmol/L (TT)	0,895	1,000	0,000	0,464	0,473					1,000	0,000	4,509	6,734
Tg ≥ 1,7 mmol/L (BMI)	3,576*	1,000	7,184	1,172	3,132	1,000	4,365	2,629*	8,891*				
Tg ≥ 1,7 mmol/L (TT)	3,605*	1,000	8,579	1,083	2,623					1,000	18,256*	6,266†	16,822†
Glu ≥ 6,1 mmol/L (BMI)	1,901	1,000	27,489*	4,701*	3,804	1,000	0,000	2,559	6,615				
Glu 1,6 mmol/L (TT)	2,172	1,000	26,885*	4,380*	3,821					1,000	0,927	2,465	0,000
CT ≥ 5,0 mmol/L (BMI)	0,446	1,000	1,334	1,633	0,444	1,000	0,188	0,851	0,595				
CT ≥ 5,0 mmol/L (TT)	0,456	1,000	2,127	2,779	3,580					1,000	0,477	0,778	0,341
LDL ≥ 3,4 mmol/L (BMI)	0,644	1,000	2,121	1,597	0,544	1,000	0,381	0,911	0,833				
LDL ≥ 3,4 mmol/L (TT)	0,657	1,000	2,030	1,576	0,561					1,000	0,825	0,932	0,587
HDL≤1,04 mmol/L (BMI)	2,353	1,000	1,275	1,285	4,819	1,000	1,375	1,056	4,445				
HDL≤1,04 mmol/L (TT)	2,303	1,000	1,514	1,216	3,804					1,000	0,643	1,711	9,991*
Apo B ≥ 0,9 g/L (BMI)	1,877	1,000	3,138	1,758*	2,451	1,000	2,466	0,861	1,400				
Apo B ≥ 0,9 g/L (TT)	1,890	1,000	3,112	1,707	2,425					1,000	1,555	0,965	1,986

* Valeur p ≤ 0,05; † valeur p ≤ 0,001
IMC : Indice de masse corporelle, TT : Tour de taille, Ins : Insuline à jeun, Tg : Triglycérides, Glu : Glucose à jeun, CT : Cholestérol total, LDL : Lipoprotéine de faible densité, HDL : Lipoprotéine de haute densité, Apo B : Apolipoprotéine B.‡ Groupe contrôle

Tableau 2 : Résultats des régressions logistiques binaires avec le variant HindIII

HindIII	<42 ans & allèle T‡	<42 ans & allèle G	≥42 ans & allèle T	≥42 ans & allèle G	IMC <27 & allèle T‡	IMC <27 & allèle G	IMC ≥27 & allèle T	IMC ≥27 & allèle G	TT <90 & allèle T‡	TT <90 & allèle G	TT ≥90 & allèle T	TT ≥90 & allèle G
IMC ≥ 27 kg/m²	1,495	1,000	0,986	1,316	2,868*								
TT ≥ 90 cm	1,298	1,000	0,804	1,658	4,221*								
Ins ≥ 109 pmol/L (BMI)	1,663	1,000	0,985	0,332	0,904	1,000	0,000	2,474	4,787*				
Ins ≥ 109 pmol/L (TT)	1,733	1,000	0,929	0,247	0,773					1,000	0,000	1,984	4,148
Tg ≥ 1,7 mmol/L (BMI)	0,707	1,000	0,742	1,216	0,874	1,000	0,615	2,576*	1,894				
Tg ≥ 1,7 mmol/L (TT)	0,718	1,000	0,713	1,072	0,807					1,000	0,557	4,825†	3,364*
Glu ≥ 6,1 mmol/L (BMI)	2,825	1,000	3,751	3,348	10,019*	1,000	2,314	2,893	7,418*				
Glu 1,6 mmol/L (TT)	3,176	1,000	3,787	3,177	10,165*					1,000	2,241	0,727	2,276
CT ≥ 5,0 mmol/L (BMI)	0,738	1,000	0,416*	0,984	1,197	1,000	0,866	1,013	0,690				
CT ≥ 5,0 mmol/L (TT)	0,772	1,000	0,436*	1,025	1.283					1,000	0,899	0,894	0,611
LDL ≥ 3,4 mmol/L (BMI)	0,932	1,000	0,589	1,052	1,407	1,000	1,142	1,024	0,853				
LDL ≥ 3,4 mmol/L (TT)	0,939	1,000	0,577	1,031	1,412					1,000	1,215	1,068	0,910
HDL ≤1,04 mmol/L (BMI)	0,804	1,000	1,583	2,483*	1,000	1,000	0,836	1,095	0,997				
HDL ≤1,04 mmol/L (TT)	0,800	1,000	1,557	2,253*	0,930					1,000	0,510	1,459	1,485
Apo B ≥ 0,9 g/L (BMI)	0,669	1,000	0,588	1,607	1,213	1,000	1,009	1,159	0,614				
Apo B ≥ 0,9 g/L (TT)	0,676	1,000	0,573	1,511	1,192					1,000	1,404	1,442	0,780

* valeur p ≤0,05; † valeur p ≤ 0,001

IMC : Indice de masse corporelle, TT : Tour de taille, Ins : Insuline à jeun, Tg : Triglycérides, Glu : Glucose à jeun, CT : Cholestérol total, LDL : Lipoprotéine de faible densité, HDL : Lipoprotéine de haute densité, Apo B : Apolipoprotéine B.

‡ Groupe contrôle

Tableau 3 : Résultats des régressions logistiques binaires avec le variant rs327

	rs327	<42 ans & allèle T ‡	<42 ans & allèle G	≥42 ans & allèle T	≥42 ans & allèle G	IMC <27 & allèle T ‡	IMC <27 & allèle G	IMC ≥27 & allèle T	IMC ≥27 & allèle G	TT <90 & allèle T ‡	TT <90 & allèle G	TT ≥90 & allèle T	TT ≥90 & allèle G
IMC ≥ 27 kg/m²	1,333	1,000	0,818	1,248	**2,537***								
TT ≥ 90 cm	1,075	1,000	0,632	1,575	**3,322***								
Ins ≥ 109 pmol/L (BMI)	2,446	1,000	1,841	0,396	1,243	1,000	1,810	4,945	**11,688***				
Ins ≥ 109 pmol/L (TT)	2,571	1,000	1,764	0,296	1,084					1,000	$5,5 \times 10^{7}$	$7,7 \times 10^{7}$	$1,6 \times 10^{8}$
Tg ≥ 1,7 mmol/L (BMI)	0,621	1,000	0,657	1,245	0,763	1,000	0,516	**2,517***	1,672				
Tg ≥ 1,7 mmol/L (TT)	0,633	1,000	0,638	1,098	0,710					1,000	0,416	**4,437***	**2,863***
Glu ≥ 6,1 mmol/L (BMI)	3,092	1,000	3,760	3,309	**10,529***	1,000	2,300	2,786	**7,794***				
Glu 1,6 mmol/L (TT)	3,392	1,000	3,774	3,135	**10,523***					1,000	2,056	0,674	2,270
CT ≥ 5,0 mmol/L (BMI)	0,755	1,000	**0,376***	0,888	1,200	1,000	0,725	0,872	0,709				
CT ≥ 5,0 mmol/L (TT)	0,788	1,000	**0,393***	0,927	1,286					1,000	0,663	0,748	0,584
LDL ≥ 3,4 mmol/L (BMI)	0,935	1,000	0,531	0,967	1,394	1,000	0,957	0,899	0,863				
LDL ≥ 3,4 mmol/L (TT)	0,938	1,000	0,518	0,948	1,392					1,000	0,908	0,914	0,863
HDL ≤1,04 mmol/L (BMI)	0,855	1,000	1,759	**2,616***	1,085	1,000	1,038	1,234	1,034				
HDL ≤1,04 mmol/L (TT)	0,857	1,000	1,749	**2,375***	1,016					1,000	0,840	1,748	1,667
Apo B ≥ 0,9 g/L (BMI)	0,666	1,000	0,519	1,458	1,199	1,000	0,796	0,977	0,616				
Apo B ≥ 0,9 g/L (TT)	0,671	1,000	0,505	1,372	1,175					1,000	0,957	1,187	0,729

* valeur p ≤0,05; † valeur p ≤ 0,001
IMC : Indice de masse corporelle, TT : Tour de taille, Ins : Insuline à jeun, Tg : Triglycérides, Glu : Glucose à jeun, CT : Cholestérol total, LDL : Lipoprotéine de faible densité, HDL : Lipoprotéine de haute densité, Apo B : Apolipoprotéine B.
‡ Groupe contrôle

Tableau 4 : Résultats des régressions logistiques binaires avec le variant rs331

	rs331	<42 ans & allèle G‡	<42 ans & allèle A	≥42 ans & allèle G	≥42 ans & allèle A	IMC <27 & allèle G‡	IMC <27 & allèle A	IMC ≥27 & allèle G	IMC ≥27 & allèle A	TT <90 & allèle G‡	TT <90 & allèle A	TT ≥90 & allèle G	TT ≥90 & allèle A
IMC ≥ 27 kg/m²	1,451	1,000	0,839	1,177	**2,819***								
TT ≥ 90 cm	1,296	1,000	0,769	1,568	**4,277***								
Ins ≥ 109 pmol/L (BMI)	2,442	1,000	1,842	0,399	1,231	1,000	1,904	5,069	**11,786***				
Ins ≥ 109 pmol/L (TT)	2,552	1,000	1,750	0,298	1,065					1.000	$6,0 \times 10^7$	$7,8 \times 10^7$	$1,6 \times 10^8$
Tg ≥ 1,7 mmol/L (BMI)	0,613	1,000	0,664	1,257	0,761	1,000	0,552	**2,678***	1,662				
Tg ≥ 1,7 mmol/L (TT)	0,623	1,000	0,639	1,106	0,702					1.000	0,485	**4,901†**	**2,944***
Glu ≥ 6,1 mmol/L (BMI)	2,999	1,000	3,763	3,327	**10,428***	1,000	2,319	2,861	**7,583***				
Glu 1,6 mmol/L (TT)	3,288	1,000	3,768	3,155	**10,437***					1.000	2,215	0,702	2,269
CT ≥ 5,0 mmol/L (BMI)	0,743	1,000	**0,378***	0,895	1,196	1,000	0,772	0,929	0,700				
CT ≥ 5,0 mmol/L (TT)	0,778	1,000	**0,396***	0,932	1,284					1.000	0,820	0,854	0,610
LDL ≥ 3,4 mmol/L (BMI)	0,926	1,000	0,530	0,968	1,393	1,000	1,012	0,944	0,856				
LDL ≥ 3,4 mmol/L (TT)	0,931	1,000	0,518	0,948	1,394					1.000	1,106	1,024	0,893
HDL≤1,04 mmol/L (BMI)	0,702	1,000	1,466	**2,715***	0,894	1,000	0,762	1,142	0,888				
HDL≤1,04 mmol/L (TT)	0,698	1,000	1,439	**2,448***	0,829					1.000	0,473	1,515	1,328
Apo B ≥ 0,9 g/L (BMI)	0,758	1,000	0,607	1,457	1,367	1,000	1,012	1,053	0,693				
Apo B ≥ 0,9 g/L (TT)	0,763	1,000	0,589	1,371	1,339					1.000	1,239	1,267	0,845

* valeur p ≤0,05; † valeur p ≤ 0,001
IMC : Indice de masse corporelle, TT : Tour de taille, Ins : Insuline à jeun, Tg : Triglycérides, Glu : Glucose à jeun, CT : Cholestérol total, LDL : Lipoprotéine de faible densité, HDL : Lipoprotéine de haute densité, Apo B : Apolipoprotéine B.
‡ Groupe contrôle

Tableau 5 : Résultats des régressions logistiques binaires avec le variant S447X

	S447X	<42 ans & allèle S447‡	<42 ans & allèle 447X	≥42 ans & allèle S447	≥42 ans & allèle 447X	IMC <27 & allèle S447‡	IMC <27 & allèle 447X	IMC ≥27 & allèle S447	IMC ≥27 & allèle 447X	TT <90 & allèle S447‡	TT <90 & allèle 447X	TT ≥90 & allèle S447	TT ≥90 & allèle 447X
IMC ≥ 27 kg/m²	1,630	1,000	1,213	1,728	3,636*								
TT ≥ 90 cm	1,206	1,000	0,703	2,154*	5,315*								
Ins ≥ 109 pmol/L (BMI)	2,648	1,000	1,590	0,371	1,651	1,000	0,000	0,610	10,715*				
Ins ≥ 109 pmol/L (TT)	2,766	1,000	1,294	0,273	1,599					1,000	0,000	2,760	9,121*
Tg ≥ 1,7 mmol/L (BMI)	0,353*	1,000	0,713	1,577	0,291*	1,000	0,000	2,360*	1,085				
Tg ≥ 1,7 mmol/L (TT)	0,359*	1,000	0,673	1,412	0,284*					1,000	0,000	4,546†	1,752
Glu ≥ 6,1 mmol/L (BMI)	4,029*	1,000	9,560	5,895	11,713*	1,000	11,954	4,969	15,939*				
Glu 1,6 mmol/L (TT)	4,435*	1,000	9,306	5,602	12,394*					1,000	11,652	1,204	4,583
CT ≥ 5,0 mmol/L (BMI)	1,274	1,000	0,582	1,103	2,603*	1,000	2,144	1,005	0,981				
CT ≥ 5,0 mmol/L (TT)	1,339	1,000	0,614	1,152	2,803*					1,000	1,246	0,752	1,034
LDL ≥ 3,4 mmol/L (BMI)	1,430	1,000	0,642	1,082	2,706*	1,000	2,062	0,948	1,153				
LDL ≥ 3,4 mmol/L (TT)	1,446	1,000	0,637	1,076	2,734*					1,000	1,289	0,861	1,436
HDL≤1,04 mmol/L (BMI)	0,584	1,000	1,350	1,901	0,514	1,000	1,535	1,486	0,612				
HDL≤1,04 mmol/L (TT)	0,580	1,000	1,280	1,715	0,503					1,000	1,415	2,243*	1,178
Apo B ≥ 0,9 g/L (BMI)	0,914	1,000	0,724	1,591	1,726	1,000	1,399	0,958	0,760				
Apo B ≥ 0,9 g/L (TT)	0,926	1,000	0,709	1,527	1,726					1,000	1,101	0,999	0,927

* valeur p ≤0,05; † valeur p ≤ 0,001

IMC : Indice de masse corporelle, TT : Tour de taille, Ins : Insuline à jeun, Tg : Triglycérides, Glu : Glucose à jeun, CT : Cholestérol total, LDL : Lipoprotéine de faible densité, HDL : Lipoprotéine de haute densité, Apo B : Apolipoprotéine B.
‡ Groupe contrôle

Tableau 6 : Résultats des régressions logistiques binaires avec le variant T1973C

	T1973C	<42 ans & allèle T1973‡	<42 ans & allèle 1973C	≥42 ans & allèle T1973	≥42 ans & allèle 1973C	IMC <27 & allèle T1973‡	IMC <27 & allèle 1973C	IMC ≥27 & allèle T1973	IMC ≥27 & allèle 1973C	TT <90 & allèle T1973‡	TT <90 & allèle 1973C	TT ≥ 90 & allèle T1973	TT ≥90 & allèle 1973C
IMC ≥ 27 kg/m²	1,506	1,000	0,976	1,746*	3,587								
TT ≥ 90 cm	1,056	1,000	0,408	2,283*	7,142								
Ins ≥ 109 pmol/L (BMI)	1,248	1,000	1,708	0,636	0,598	1,000	23,173*	11,642*	7,664				
Ins ≥ 109 pmol/L (TT)	1,405	1,000	2,531	0,540	0,484					1,000	0,000	4,214	7,626
Tg ≥ 1,7 mmol/L (BMI)	3,092*	1,000	4,202	1,179	3,135	1,000	3,007	2,559*	8,695*				
Tg ≥ 1,7 mmol/L (TT)	3,203*	1,000	4,831	1,092	2,781					1,000	33,792*	7,429†	17,373†
Glu ≥ 6,1 mmol/L (BMI)	4,176*	1,000	23,741*	6,135*	11,775*	1,000	0,000	2,782	15,780*				
Glu 1,6 mmol/L (TT)	4,634*	1,000	25,756*	5,942*	12,014*					1,000	10,848	1,442	7,665
CT ≥ 5,0 mmol/L (BMI)	0,436	1,000	0,712	1,589	0,539	1,000	0,152	0,825	0,563				
CT ≥ 5,0 mmol/L (TT)	0,446	1,000	0,716	1,645	0,574					1,000	0,629	0,796	0,348
LDL ≥ 3,4 mmol/L (BMI)	0,398	1,000	0,768	1,575	0,409	1,000	0,276	0,886	0,438				
LDL ≥ 3,4 mmol/L (TT)	0,409	1,000	0,764	1,561	0,423					1,000	0,494	0,931	0,333
HDL ≤1,04 mmol/L (BMI)	1,865	1,000	1,129	1,277	3,308	1,000	2,693	1,140	2,013				
HDL ≤1,04 mmol/L (TT)	1,877	1,000	1,247	1,204	2,866					1,000	0,716	1,701	4,930*
Apo B ≥ 0,9 g/L (BMI)	1,067	1,000	2,076	1,851*	1,305	1,000	1,224	0,863	0,925				
Apo B ≥ 0,9 g/L (TT)	1,093	1,000	2,123	1,798*	1,301					1,000	1,838	0,999	1,027

* valeur p ≤0,05; † valeur p ≤ 0,001

IMC : Indice de masse corporelle, TT : Tour de taille, Ins : Insuline à jeun, Tg : Triglycérides, Glu : Glucose à jeun, CT : Cholestérol total, LDL : Lipoprotéine de faible densité, HDL : Lipoprotéine de haute densité, Apo B : Apolipoprotéine B.
‡ Groupe contrôle

www.ingramcontent.com/pod-product-compliance
Lightning Source LLC
Chambersburg PA
CBHW021116210326
41598CB00017B/1460